本书获
2014年贵州省出版传媒事业发展专项资金
资助

PREHISTORIC
GUIZHOU

史前贵州

杨瑞东　高军波　盛学庸／编著

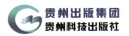

贵州出版集团
贵州科技出版社

图书在版编目（CIP）数据

史前贵州 / 杨瑞东，高军波，盛学庸编著. —— 贵阳：贵州科技出版社，2018.9（2020.6重印）

ISBN 978-7-5532-0354-6

Ⅰ.①史… Ⅱ.①杨… ②高… ③盛… Ⅲ.①生命起源—普及读物 Ⅳ.①Q10-49

中国版本图书馆CIP数据核字（2017）第312196号

出版发行	贵州出版集团　贵州科技出版社	
地　　址	贵阳市中天会展城会展东路A座（邮政编码：550081）	
网　　址	http：//www.gzstph.com　　http：//www.gzkj.com.cn	
出版人	熊兴平	
经　　销	全国各地新华书店	
印　　刷	旭辉印务（天津）有限公司	
版　　次	2018年9月第1版	
印　　次	2020年6月第2次	
字　　数	144千字	
印　　张	8.25	
开　　本	889 mm×1194 mm　1/16	
书　　号	ISBN 978-7-5532-0354-6	
定　　价	68.00元	

天猫旗舰店：http：//gzkjcbs.tmall.com

内容简介

  在有人类历史记录之前，贵州这块土地上发生了一系列环境、生命的巨大变化。《史前贵州》记录了地球生命的起源，以及生命是怎样由低等的单细胞生物逐渐进化为高等生物的过程，以此来追踪人类的起源；《史前贵州》记录海陆、山川的变迁，并且恢复了部分史前海洋及生活在其中的生物景观；《史前贵州》中一幅幅精美的化石、岩石图片把我们带到遥远的史前世界，去探索地球科学奥秘！

目　录

第一部分　史前时代

史／前／贵／州
PREHISTORIC GUIZHOU

第二部分　史前贵州山水

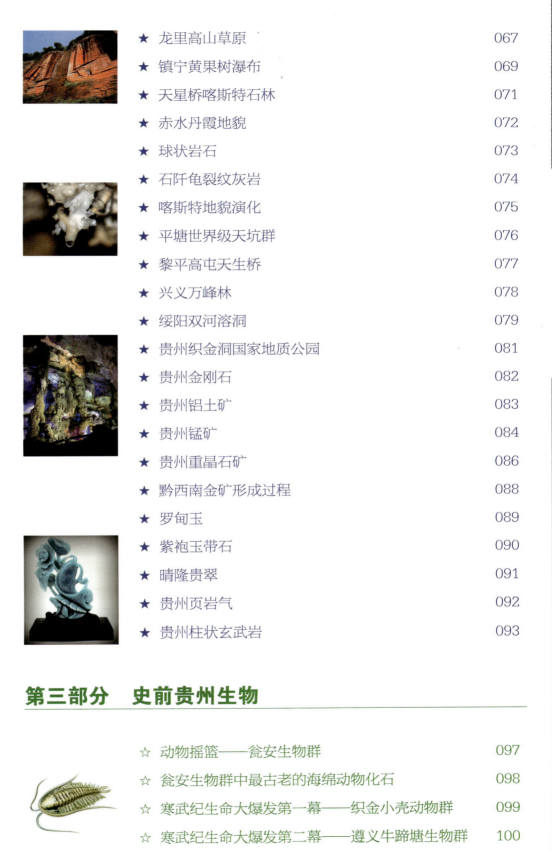

第三部分　史前贵州生物

史前时代

　　科学家认为地球形成至今已有46亿年，在人类出现之前，地球上发生了一系列的巨大变化，高山变沧海，沧海成陆地，生命由低等的单细胞生物逐渐进化为高等生物。科学家以重大的海陆变迁、生物重大演化作为依据，将史前地球划分为若干时期，每个时期都有它们自己的特征。

地球历史划分

地质时代			距今年龄	重大事件	生物特征
显生宙	新生代	第四纪		冰川时期	
			1.75百万年		人类出现
		新近纪			人类出现
			23.5百万年		
		古近纪		喜马拉雅造山运动	
			65百万年		
	中生代	白垩纪		外星冲击，恐龙绝灭	最早的开花植物出现
			1.35亿年		
		侏罗纪			鸟类、哺乳动物出现
			2.03亿年		
		三叠纪		大规模海退时期	最早的恐龙出现
			2.50亿年		
	古生代	二叠纪		外星冲击，生物大灭绝	生物大灭绝
			2.96亿年		
		石炭纪		铝土矿成矿时期	森林开始出现，出现会飞的昆虫
			3.55亿年		
		泥盆纪		陆生植物开始成煤	最早的两栖动物出现
			4.10亿年		
		志留纪			最早的陆地动物出现
			4.35亿年		
		奥陶纪		冰川时期	最早的陆生植物出现
			5.00亿年		
		寒武纪			寒武纪生命大爆发
			5.43亿年		
元古宙	新元古代			大量磷块岩沉积 冰川时期	大型软体动物繁盛，动物出现
			10亿年		
	中元古代			超大陆裂解	藻类繁盛时期
			16亿年		
	古元古代			大规模的造山运动	多细胞生物出现
			25亿年		
太古宙	新太古代			巨型大陆地壳的形成	
			28亿年		
	中太古代			强烈的褶皱变形事件	
			32亿年		
	古太古代			海洋沉积开始，菌藻类出现	
			36亿年		
	始太古代			地壳的形成	

◆ 生命演化进程

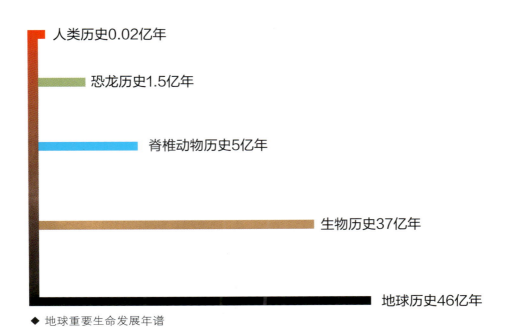

人类历史0.02亿年

恐龙历史1.5亿年

脊椎动物历史5亿年

生物历史37亿年

地球历史46亿年

◆ 地球重要生命发展年谱

46亿年前地球形成

地球是浩瀚宇宙中的一颗小行星，宇宙由上万亿颗恒星、行星以及巨大的大气云团组成。恒星与行星组成星系，地球是银河系里的一颗行星。

科学家认为，在50亿年前，随着一次难以想象的超新星猛烈爆炸，产生巨大的火球，火球冷却后，微小的尘埃和气体聚集在一起

◆ 超新星大爆炸

形成厚厚的不断旋转的云团，云团吸进越来越多的尘埃和气体，不断聚集物质，压力巨大，物质密度非常大，成为紧密压实原子状态，结果产生强烈的核反应，太阳由此而形成。一些剩下的围绕太阳旋转的尘埃和气体也不断在各自轨道上聚集，形成行星，地球就是其中的一颗行星。

◆ 尘埃和气体组成旋转云团

◆ 银河系形成

　　地球是在约46亿年前由围绕太阳旋转的尘埃和气体组成的一个云团，此云团形成后，慢慢地，地球内部物质聚集越来越密集，压力越来越大，以致地球内部温度越来越高。地球最里面的地核由温度非常高的铁质固体组成，包绕地核的是温度很高的岩浆组成的地幔，地球的最外层是薄薄的岩石。大约在40亿年前后，地球终于有了一个虽然还比较薄的，但已是连续完整的地壳。现在地壳的平均厚度为65 km。

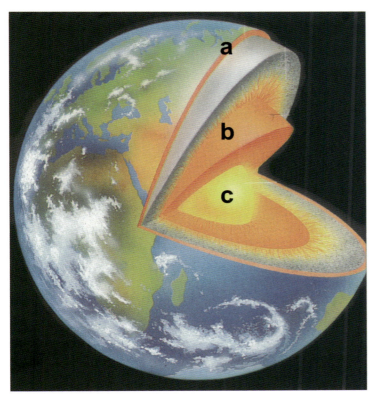

a—地壳：地球的最外层是薄薄的岩石，厚度平均65 km。

b—地幔：包绕地核的、温度很高的主要由致密的造岩物质构成，这是地球内部体积最大、质量最大的一层。

c—地核：地球最里面的地核由温度非常高的铁质固体组成。

◆ 地球圈层

地球表面火山大规模喷发时期

地球形成后的前5亿年时间里，没有任何生物能在地球上生活。那时，地球上没有水，也没有氧气。天空中到处都是火山喷发出来的二氧化碳和尘埃，空气非常浑浊，可比现在的雾霾天气严重多了。陆地上到处都是火山在喷发，异常炽热的岩浆喷出地表，形成火红的河，岩浆冷却后形成岩石，天空中弥漫着二氧化碳气体和蒸汽。

巨大的陨石猛烈地撞击地球，地球在不断地颤动，就像发生了强烈的大地震一样，但其破坏程度可比汶川大地震严重多了。那时，地球不仅遭受了来自陨石的猛烈撞击，而且陆地上到处都是火山在喷发，火红的岩浆如同河流一样，形成错综复杂的岩浆河流，使得整个地球都处在"水深火热"之中。

◆ 早期地球表面

地球大气、海的形成

◆ 早期地球表面

大规模的火山喷发，把地球内部的气体和挥发物质带到地表。科学家推测，地球大气圈成分的演变分为3个大的阶段：40亿年前的甲烷气－氢气（CH_4－H_2）阶段，40亿年前至20亿年前的氮气－二氧化碳（N_2－CO_2）

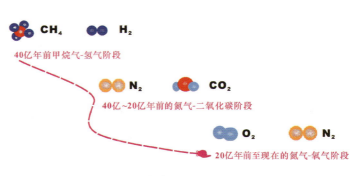

CH₄   H₂
40亿年前甲烷气-氢气阶段

N₂   CO₂
40亿~20亿年前的氮气-二氧化碳阶段

O₂   N₂
20亿年前至现在的氮气-氧气阶段

◆ 地球大气圈成分的演变3个阶段

阶段，20亿年前至现在的氮气－氧气（N_2－O_2）阶段。

地球上的水主要来自地球内部，火山喷发从地球内部带出大量的水蒸气，冷却后在地表汇集成水体，如此日积月累，形成原始海洋。原始海洋的海水量大约是现在海水量的1/10。

最早生命出现

大约在38亿年前，地球表面有很多由火山喷发出来的氢气（H_2）、二氧化碳（CO_2）、氮气（N_2）、水蒸气（H_2O）、甲烷气（CH_4）、一氧化碳（CO）、氨气（NH_3）、硫化氢（H_2S）等气体，这些气体溶进原始海洋中，产生一种化学"汤"，这些化学物质在闪电的轰击下产生蛋白质的化学物质，蛋白质物质相互合成，形成生物大分子，最后，形成单细胞生

◆ 加拿大保存有39.5亿年前生命活动痕迹的岩石（Tashiro T et al, 2017）

物，它们很像现在的细菌，这就是最早的生命。之前，科学家曾在澳大利亚37亿年前的沉积岩中发现最古老的细菌化石，所以，人们认为地球上生命最早出现于37亿年前。最近，日本科学家又在加拿大布拉多北部沉积岩中发现了早期生命活动迹象，并将地球生命出现时间推至39.5亿年前。

◆ 加拿大39.5亿年前生命活动痕迹（Tashiro T et al, 2017）

◆ 澳大利亚37亿年前的沉积岩中发现最古老的细菌化石

◆ 非洲21亿年前的最早多细胞生物化石（Albani A E et al, 2010）

地球上的生命起源还有另外一种假设，即地球最初生命来自外星球。最近，一些科学家在宇宙尘埃中发现大量的富含有机化合物团状体，由此提出地球上的生命是由一颗彗星把具有生命的"种子"散布在年轻的地球

◆ 宇宙尘埃中富含的有机化合物

上，培育出地球初期的原始生命形式。

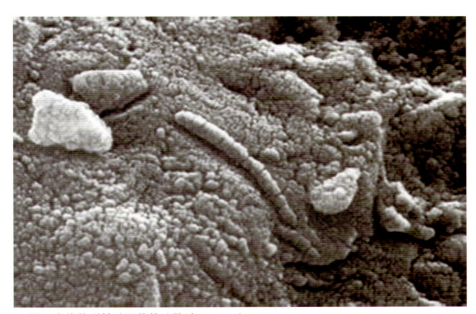

◆ 陨石中线状磁铁矿颗粒体（陈迪，2009）

在南极陨石中发现大量的生物大分子（多环芳烃），类似生物膜和细菌产生的磁铁矿颗粒，科学家测定陨石的年龄为36亿年，这就为地球上的生命来自外星球提供了证据。

藻类繁盛时期

　　从37亿年前菌藻类出现，到8亿年前动物出现，在这漫长的近30亿年时间里，地球上主要是藻类占统治地位，是藻类繁盛时期。

　　大量的藻类在海底形成海藻草原。藻类沿着海底生长，并吸附海水中的钙质，形成藻礁或叠层石。

◆ 叠层石

◆ 藻类形成的礁体

◆ 藻类形成的礁体

雪球地球时期

在7亿～6亿年前，地球上发生了两次以上的大冰期。冰川首先从高纬度（极地）开始扩张，缓慢进入中纬度的温暖地区，冰层使整个地球的阳光反射率骤增，地球吸收的热量下降，这样的回馈机制使地球慢慢冻成大冰球。当时的海冰可能厚达1 km，全球平均气温在零下40℃左右，大多数生物死亡了。但是，火山还是在剧烈地喷发着，并不断释放热量和二氧化碳，大约在100万年后，由于大气中大量的二氧化碳聚集，产生强烈的温室效应，巨大冰层消融，海平面上升、地表温度迅速升高到50℃左右。微生物大量繁衍造成氧含量急剧升高，生物圈遂发生大变化，于是产生了很原始的外形像植物的生物，并统治着世界。这些生物被统称为"埃迪卡拉动物群"，它们的特征是有着薄气垫般的身体，其中有些体长超过1 m。

雪球地球假说认为：大冰期打开了生物遗传基因的瓶颈，大冰期后就是"震旦纪生命大爆发"时期。

◆ 从地球到雪球（彭丹毫绘）

◆ 地球二氧化碳浓度迅速上升

大型软躯体生命时代

◆ 6亿年前海底的生物世界

　　地球生命进化非常缓慢，经过30亿年，简单细胞才进化成最早的软躯体动物。大冰期之后，海洋中出现了身体没有骨骼的大型动物群体——埃迪卡拉动物群，它们统治着当时的地球。如大型盘状的水母类，有像大型芭蕉叶一样的海鳃，它们以食海藻为生。

生命大爆发时期

◆ 5亿年前的寒武纪海底生物世界（陈均远 等，1998）

大约5.5亿年前，即寒武纪初期，数量惊人的新生生物在海洋里出现。

以前认为寒武纪只是三叶虫的世界，但随着加拿大布尔吉斯生物群和我国澄江动物群的发现，表明现代各动物门类在寒武纪海洋中已经出现，而在5.5亿年前海洋中的动物

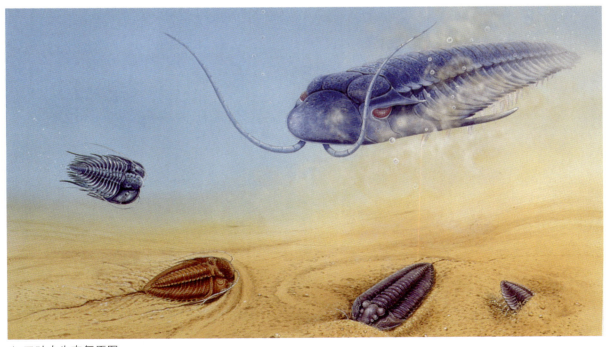

◆ 三叶虫生态复原图

◆ 三叶虫化石

是很少的，这就是寒武纪生命大爆发。

　　寒武纪生命大爆发被认为是因大冰期打开了生命的遗传基因密码，加之成磷事件、大气和海洋中含氧量增加而造成的。

　　寒武纪被认为是三叶虫统治的时代，上面3幅图就是三叶虫生态复原图及化石。

5亿年前神秘生物牙形刺

对于浩瀚的宇宙，人类的发展历史如沧海一粟。在人类没有出现之前，许多生物曾经在地球上惊鸿一瞥。近段时间，科学家成功还原了一种叫牙形刺的动物。据了解，这种动物出现于恐龙时代之前，是一种有牙齿的水生生物。

牙形刺拥有数排连锁的圆锥状利牙，它们能像钉耙

◆ 牙形刺化石

一样将猎物锁住吞入口中，有点像鳝鱼、丑鱼或鳗鱼。牙形刺最早出现于约5亿年前，而在2.4亿年前的三叠纪恐龙开始登上历史舞台时灭绝了。

◆ 牙形刺动物复原图（彭丹毫绘）

海底黑烟囱

　　海底黑烟囱是20世纪海洋科学最重大的发现之一。这些含有矿物质的地热流通常从因板块推挤而隆起的海底山脊上喷出。矿液刚喷出时为高温溶液，与周围的冰冷海水混合后，矿物质很快发生沉淀，形成烟囱状柱体，因此得名。

◆ 现代海底黑烟囱正在喷发时的壮美景观

　　科学家发现，海底黑烟囱附近通常有大规模的沉淀物堆积丘体，其中包括铁、铜、锌、铅、汞、钡、锰、银等金属硫化物矿产，甚至还有原生的自然金颗粒和天然水银。

　　科学家在海底黑烟囱附近还发现了很多细菌和微生物、1~2m长的管虫、直径20cm大的蛤类，生态系统非常独特而且多样化。

◆ 正在喷发的海底黑烟囱

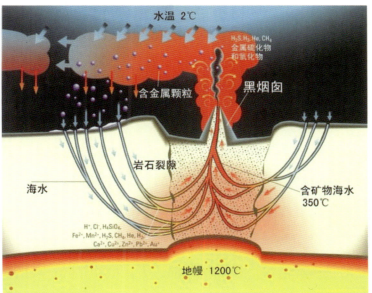

水温 2℃

H₂S、H₂、He、CH₄
金属硫化物
和氧化物

含金属颗粒

黑烟囱

岩石裂隙

海水

含矿物海水
350℃

H⁺、Cl⁻、H₄SiO₄
Fe²⁺、Mn²⁺、H₂S、CH₄、He、H₂
Ca²⁺、Cu²⁺、Zn²⁺、Pb²⁺、Au²⁺

地幔 1200℃

◆ 海底黑烟囱成矿系统图

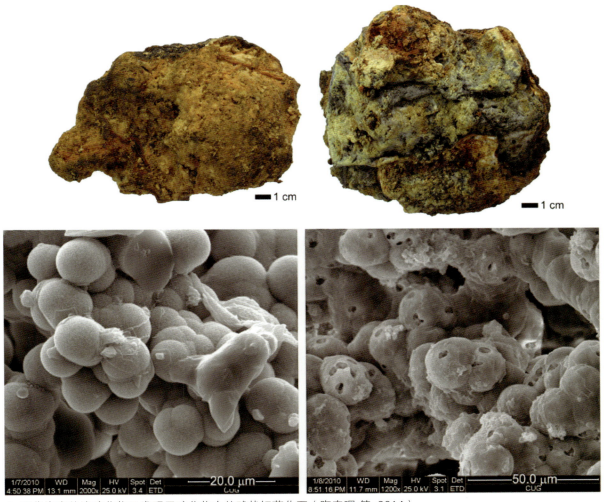

◆ 现代海底热液硫化物及发现于硫化物中的球状细菌化石（陶春晖 等, 2014）

植物登陆时期

　　地球上的生物起源于海洋，起初陆地上没有生命。漫长的时间过去了，地球大气层形成了臭氧层，阻挡了太阳的紫外线辐射，植物和动物开始了登陆行动。植物最早登陆时间大约在4.8亿年前，第一批在滨岸湿地登陆的是苔藓植物，到4.4亿年前，大量植物登陆。

　　目前，在沙特阿拉伯发现最早的苔藓植物化石，是苔藓植物的隐孢子化石。

◆ 只有10μm大小的隐孢子化石

◆ 植物开始登陆时的生态景观

鱼类繁盛时期

◆ 海口鱼化石（舒德干院士提供）

◆ 海口鱼复原图（舒德干院士提供）

鱼类最早出现在我国云南5.3亿年前的澄江动物群。科学家将最早出现的鱼命名为"海口鱼"。

到4亿年前的泥盆纪，是鱼类最繁盛的时期，当时海洋中有上千种鱼类生活，它们与海洋生物海百合、珊瑚、腕足动物、三叶虫、海草等一起生活在海洋中。

泥盆纪时期，海洋中生活的鱼类以"邓氏鱼"体形最大，被认为是这一

◆ 生活在泥盆纪海洋中的巨型猎食者——邓氏鱼

时期最大的海洋猎食者。邓氏鱼体长约10 m，重量逾3 t，而且长着极为锋利的牙齿。在它面前，现代海洋中的鲨鱼也显得不那么凶猛了。

动物登陆时期

　　4亿年前，地球的气候变得暖和起来，湖泊和江河水体被渐渐蒸发，鱼类为了呼吸空气中的氧气，慢慢演化出粗壮的鳍，鳍慢慢进化成四条腿，开始登上陆地。它们既能在陆地上爬行，也能在水中行走。

　　谁是脊椎动物中第一批勇敢地从"生命的摇篮"海洋中爬上陆地的呢？这个问题与生命起源、鸟类起源、人类起源一起，构成了生命科学中迄今未解的四大科学之迷。19世纪，科学家认为"总鳍鱼类是陆生四足动物的祖先"，但也有认为"肺鱼才是陆生四足动物的祖先"，总之，古老鱼类是陆生四足动物的祖先是肯定的。

◆ 动物开始登陆

陆地森林出现

3.55亿年前的石炭纪，气候温暖，地球上很多地区出现沼泽，沼泽上生长着茂密的森林。森林里以鳞片状树皮的鳞木大树为主，树林间飞舞着近70cm长的巨大蜻蜓，水塘中生活着两栖动物。

◆ 蜻蜓化石

◆ 植物化石

沼泽森林死亡后，堆积在地下，经过几百万年的挤压变质形成煤炭，因此，这个时期也是重要的煤炭形成时期。

◆ 陆地森林与生物景观

◆ 陆地森林与生物景观

比恐龙大绝灭还大的灾难

◆ 地球遭陨石猛烈撞击的惊险瞬间

二叠纪末期的2.52亿年前，发生了地球历史上第五次生物大灭绝，这次生物大灭绝导致90%的海洋物种和70%的陆地脊椎动物灭绝。

一种观点认为二叠纪末期的生物大灭绝原因是陨石或小行星撞击地球所致，这种撞击威力很大，会在全球产生一股毁灭性的冲击波，引起气候的剧变和生物的死亡。

◆ 强烈的火山活动引发了恶劣的极端气候环境

　　另一种观点认为大量火山岩浆喷发，浓烟遮天蔽日，长时间地表不见阳光，地球笼罩在黑暗的冬天之中，被称为"卷流之冬"，同时还要承受猛烈酸雨的打击，火山活动喷出的大量硫化物质随雨水回到地面，使陆地上的大森林全面死亡，生活在海洋中的生物物种90%死亡。

　◆ 陆生脊椎动物化石

地幔柱与岩浆喷发

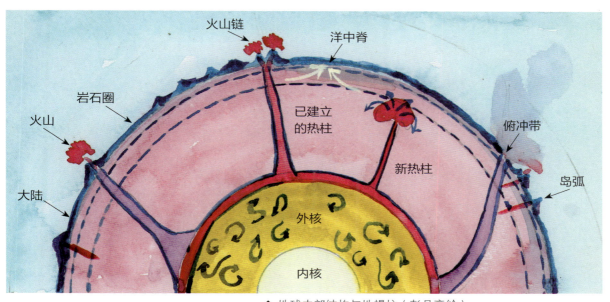

◆ 地球内部结构与地幔柱（彭丹毫绘）

图中标注：火山链、洋中脊、岩石圈、已建立的热柱、火山、新热柱、大陆、外核、内核、俯冲带、岛弧

　　地幔柱是深部地幔热对流运动中的一股上升的圆柱状固态物质的热塑性流，即从软流圈或下地幔涌起并穿透岩石圈而成的热地幔物质柱状体。它在地表或洋底出露时就表现为热点。热点上的地热流值大大高于周围广大地区，甚至会形成孤立的火山。

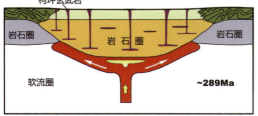

(a) 地幔柱孕育在厚的克拉通岩石圈地幔底部

图中标注：西天山、塔里木、东天山-北山、交代岩石圈地幔、岩石圈、软流圈、~300Ma

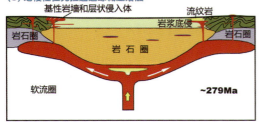

(b) 地幔柱加热上覆交代富集的岩石圈地幔使其熔融

图中标注：柯坪玄武岩、岩石圈、软流圈、~289Ma

(c) 地幔柱在克拉通边缘减压熔融

图中标注：基性岩墙和层状侵入体、流纹岩、岩浆底侵、岩石圈、软流圈、~279Ma

◆ 大火成岩省形成过程中岩石圈–地幔柱相互作用动力学机制示意图（Wei X et al, 2014）

盘古大陆

史／前／贵／州

PREHISTORIC GUIZHOU

盘古大陆又称为超大陆、泛大陆，是指约2.5亿年前，地球上的很多板块拼合形成的一大片陆地。

随后的大陆漂移，盘古大陆逐渐分离，形成现在的七大洲。

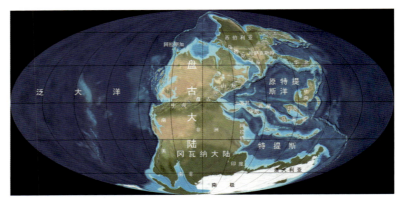

◆ 盘古大陆复原图

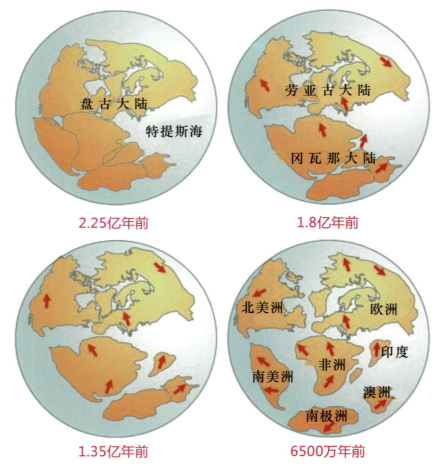

2.25亿年前　　　　1.8亿年前

1.35亿年前　　　　6500万年前

◆ 大陆板块演变示意图

鱼龙繁盛时期

2.5亿～1.3亿年前的三叠纪和侏罗纪时期，海洋中生活着凶猛的大型海生爬行动物——鱼龙，它们像侏罗纪和白垩纪时期恐龙统治地球一样统治着当时的海洋。

鱼龙这种大型海生爬行动物原来是生活在陆地上的，但在2.5亿年前它们受到环境的影响，又从陆地上回到海洋中生活，随后统治着海洋。陆地上生活的爬行动物为什么又回到海洋，至今还是一个大谜团！

当时海洋中生活着大量的鱼、虾、鹦鹉螺和菊石等，它们是大型鱼龙的食物。当时海洋中最大的菊石直径可达2.2 m。

◆ 鱼龙捕食菊石（汪啸风 等，2004）

◆ 鱼龙繁盛时期的海洋生态景观复原图（汪啸风 等，2004）

　　鱼龙是胎生还是卵生？鱼龙是海生爬行动物，而现代爬行动物鳄鱼、蛇以及侏罗纪爬行动物都是卵生，但是经常在大型鱼龙化石体内发现小鱼龙化石，难道鱼龙自己吃自己的后代？那似乎太残忍了。另一种可能性或许是鱼龙属于胎生，大鱼龙体内的小鱼龙是它的幼仔！当然这还需要进一步探索和研究。

◆ 菊石化石

最早的鸟

已知最早的鸟出现在约1.5亿年前的侏罗纪，它们被称为始祖鸟。始祖鸟像恐龙一样有牙齿和长长的有骨头的尾巴，翅膀上还有爪。

最早的鸟被认为是由恐龙进化而来的。1996年科学家在我国辽宁发现全身长有绒毛的中华龙鸟化石。

◆ 始祖鸟复原图

◆ 始祖鸟化石

◆ 中华龙鸟化石

◆ 中华龙鸟复原图

世界上最古老的花化石

在距今1.45亿年前的我国辽宁西部地层中发现的"辽宁古果"是目前世界上最古老的有花植物化石。中华古果的出现时间，要比辽宁古果晚一些，约在1.25亿年前才开始出现在地球上。

较早的花化石是产自1.25亿年前义县组的迪拉丽花。2015年我国科学家在辽西1.62亿年前侏罗纪地层中发现了典型的花化石——潘氏真花。

◆ 辽宁古果化石（Sun G et al, 2002）

◆ 中华古果化石

◆ 中华古果复原图

◆ 潘氏真花化石（Liu Z J et al, 2016）

潘氏真花具有典型花朵的所有组成部分，包括花萼、花瓣、雄蕊、雌蕊。其花萼和花瓣有显著的分化，花药有4个药室，雌蕊包括花柱和单室半下位的子房。子房包裹着多枚有单层珠被的胚珠。这些特征使得潘氏真花成为迄今为止世界上最早的典型的花朵。潘氏真花的发现为被子植物起源研究开辟了新的空间。

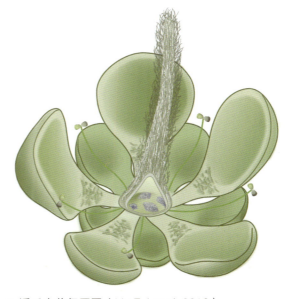

◆ 潘氏真花复原图（Liu Z J et al, 2016）

侏罗纪公园——恐龙世界

2.5亿年前的"卷流之冬"过后，地表温度在短时间内大幅度升高，生物群落恢复了生机，地球生物多样性变得十分"富足"。巨型生物种群出现并霸占着地球的恐龙时代来临。

侏罗纪中冒出了大批新生物种，鱼类呈现多样化。

鸟类在大气高氧的条件下出现且种群迅速扩张；陆地上蕨类植物和裸子植物重新覆盖大地，大森林成为各种动物的良好栖息地。

侏罗纪生活着各种各样的恐龙：有食肉的霸王龙、偷蛋龙、恐爪龙，有温和食草的长颈龙、梁龙、腕龙。陆地上到处生长着桫椤，各种恐龙穿

◆ 恐龙集群出动

◆ 繁盛时期的生态景观

行其间，菊石在海洋中游泳；马门溪龙在捕食菊石；翼龙在天空中飞翔……

◆ 世界最大蜘蛛化石及蜘蛛捕食过程卡通图（Selden P A et al, 2011）

最大的蜘蛛侏罗络新妇蛛化石于2011年在内蒙古出土，它曾和恐龙一起生活，甚至有可能以小型树栖恐龙为食。

恐龙大绝灭

6500万年前的夏夜，一颗直径达10km的小行星到达了它的终点站——尤卡坦半岛。撞击坑直径达100km，撞击的能量相当于美俄两国全部核弹爆炸释放能量的几千倍。一道闪光把方圆200km的所有生物气化，

◆ 火山开始喷发，气候环境正在逐步恶化

◆ 第一颗直径较大陨石从恐龙头顶掠过撞向地球

冲击波把更远地方的生物杀死，并抛向天空。几天以后，撞击造成的大量尘埃、气体到达大气上空的平流层，地球再次陷入黑暗。光合作用几乎停止，恐怖的冬天再次到来。这一次，因为往昔安定的生活使许多生物大型化，庞大的躯体在能量不足的情况下更为脆弱，恐龙就此灭绝。

◆ 地球遭受更多陨石撞击，恐龙难以生存

◆ 火山持续喷发与极具恶化的环境引起恐龙大规模死亡

恐龙灭绝于6500万年前小行星撞击地球事件是科学史上的一个大发现，虽然我们有比较充分的证据显示恐龙灭绝于小行星撞击地球以及撞击所引发的环境剧变，但仍然有研究人员认为小行星撞击地球仅仅是其中的一个影响因素，恐龙灭绝还有其他更深层的原因。美国科学家在印度德干地盾附近发现了关于恐龙灭绝的证据，研究结果显示，恐龙灭绝不仅仅是小行星撞击地球所造成的，还由于火山喷发影响了地球环境。在小行星撞击地球之前，地球上出现了大规模的火山喷发，并持续了50万年之久，美国麻省理工

◆ 最后一只恐龙仍在苦苦挣扎

学院和普林斯顿大学的科学家计算出在当时火山喷出的熔岩量就达到了1.5万km³。

大规模的火山群活动使得大气中危险化学物质的含量增加，污染了大气环境和海洋环境，大量的二氧化碳排放在大气中并非常迅速地扩散，这一因素可能在恐龙灭绝中发挥了重要作用。

◆ 琥珀中的昆虫化石　　◆ 恐龙胚胎化石　　　　　◆ 剑龙化石

鸟类从恐龙进化而来

最近，科学家通过对48个鸟类物种的基因序列研究发现，今天的所有鸟类都能够追溯到一种从6500万年前生物大灭绝中幸存下来的有羽恐龙，它们快速进化成为一种拥有两条腿和有羽毛翅膀的产蛋动物。

恐龙灭绝之后，从约6500万年前开始的1500万年间，鸟类的种类发生了急剧的增加。研究团队分析，恐龙在灭绝之后，鸟类的生存空间增加，有利于其在各种各样生态环境下的进化。

◆ 恐龙进化为鸟类完整图谱

始新世食肉植物化石

　　科学家最近在俄罗斯始新世（距今5300万～3650万年前）琥珀中发现了保存完好的食肉植物及蚊子化石。研究人员认为这种植物与使用黏性绒毛诱捕昆虫的现代植物有亲缘关系。这种多叶植物是古老的捕食昆虫的植物，它可能以某些虫子为食。这个从俄罗斯的一座琥珀矿中发现的化石让科学家重新评估植物分布问题，以前认为捕蝇植物仅分布于南非。

◆ 俄罗斯琥珀中发现始新世食肉植物化石

世界开始缤纷多彩——人类出现

由于巨大的爬行动物绝灭，生物的生存空间得以扩展，哺乳动物有了更大的发展空间展的空间。实际上，古生物学家认为，即使没有那颗陨星撞击地球，恐龙也无法度过后面的冰期。地球生物因为几次巨大的灾变而由简单变为复杂，也许这就是某些严谨的科学家不相信外星存在智慧生物的原因吧——其他行星会有这样的"好运"吗？

哺乳动物后来虽经历过一系列小的灾难，但没有发生大量的生物绝灭。

◆ 早期人类头骨化石

◆ 第四纪生物景观（彭丹毫绘）

近年来人类活动导致二氧化碳增加和地球变暖，也根本不是什么大变化（我们地球过去还有平均气温50℃的时候呢）。如果地球有灵，"她"也许只对一件事情感到惊异，那就是人口的过度繁衍。地球什么时候曾经让生物圈顶端的种群发展到如此巨大的数量？

根据地学科学家的估算，地幔卷流每年移动几厘米——这是很快的速度，由此计算，再过2.5亿年，地壳下面的热循环再次发生惊天动地的变化，那时候地球可能会比二叠纪末2.5亿年前的生物大绝灭来得更加迅猛。另外，目前地球处于间冰期，我们肯定要跟真正的冰期面对面地碰上一次。而陨石，则随时都可能碰

◆ 早期人类活动复原图

上。我们希望自己运气再好一点，有一点点时间——比如灾难来得晚了那么几千年，相信那时候人类已经扩张到太空，有办法给冷却的地球加热，亦或砸碎所有来犯地球的陨石和小行星。

◆ 人类进化图

人类进化起源于类人猿，从灵长类经过漫长的进化过程一步一步发展而来。总的来说，人类的进化经历了猿人类、原始人类、智人类、现代人类4个阶段。

人类起源与迁徙

　　科学家根据人类化石的研究表明，人类祖先最早起源于400万年前的非洲。现代人的祖先究竟是走出非洲之后散布到全球各地，还是分别起源于世界不同区域？自从达尔文进化论为学界接受之后，考古学家就一直对上述话题争论不休。

　　最近，从人类染色体研究表明，人类是在非洲起源，之后逐渐向各大陆扩散。

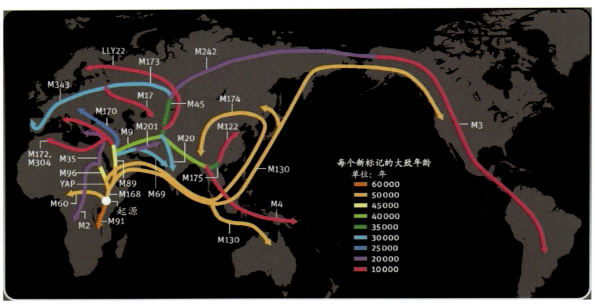

◆ 人类迁徙路线图

史前贵州山水

现在的贵州位于云贵高原，山峦起伏，但你可能不知道贵州这块大地在2亿年前才脱离海洋环境成为陆地，并在4000万年前由于喜马拉雅造山运动后才形成高原山区的吧！你想要了解贵州10亿年来的海陆变迁、山河迁移，那就听我们讲讲贵州从10亿年前到几十万年前的巨大变化吧！

史前贵州发展简史

发展阶段	地质时代	距今年龄	重 大 造 山 运 动	重 要 特 征
中生代 至 新生代	第四纪晚期		发生喜马拉雅造山运动	乌当第四纪冰川
	早白垩世至 第四纪早期	0.4亿年	发生燕山造山运动	贵州几乎为陆地,只有小湖泊和河流
	晚三叠世至 早白垩世	1.0亿年	发生安源造山运动	海水退出贵州,陆地上出现大型湖泊
泥盆纪 至 晚三叠世	早二叠世至 晚三叠世	1.9亿年	发生东吴造山运动	贵州西部发育大片沼泽,并生长森林,形成大煤田
	石炭纪	2.8亿年	发生都匀造山运动	贵州东北部形成铝土矿床,贵州东北面还是陆地
	泥盆纪	3.5亿年	发生广西造山运动	贵州东部、北部地区为陆地,西部和南部为浅海
中元古代晚期 至 志留纪	志留纪	4.1亿年		贵州中西部为陆地,其他地区为浅海环境
	奥陶纪	4.4亿年		贵州西部、中部上升成陆地,其他地区为浅海,黔东南为深海
	寒武纪	5.0亿年		发生大海侵,贵州成为海洋,形成贵州西部磷矿
	新元古代	5.4亿年	发生雪峰造山运动 发生武陵造山运动	造山运动形成大陆型地壳,发生大冰期,黔西成为陆地
	中元古代	10亿年		贵州处于大洋型地壳,贵州为一片汪洋大海
		14亿年		

10亿年前的贵州

10亿年前，贵州还是一片海洋。海洋中生活着大量的多细胞藻类生物，有绿藻、褐藻、蓝藻等，它们参与碳酸盐岩的成岩，形成叠层石、藻纹层白云岩。

贵州和湖南的武陵山一带在这一时期发生了武陵造山运动，贵州的梵净山区地壳上升，成为陆地，贵州境内第一座山诞生了！由于强烈的地壳上升，贵州海中主要堆积的泥和沙类物质，经过一系列的地质作用，形成现在的梵净山区层叠状的板岩。

◆ 炽热的岩浆流入大海

◆ 10亿年前的贵州海洋景观

梵净山火山岩及变质岩地质地貌

梵净山保留了距今10亿～8.5亿年前的地质遗迹。其中有海底火山喷发作用形成的枕状玄武岩，乃国内外同时期罕见，很有观赏性和科学（科普）价值。新元古界变质岩地貌雄伟壮丽，其观赏性极强的"万卷书"由一系列纹层组成。初步统计，每1m厚的岩层，其纹层数达100层之多，每一个纹层代表1年，类似树的年轮，"万卷书"要多少年才形成，大家可以估算一下！

◆ 梵净山"万卷书"

◆ 变质岩形成的"万卷书"

◆ 梵净山枕状玄武岩

7亿~6亿年前的贵州

　　7亿年前，全球都处在寒冷的冰期，冰不仅覆盖了南极和北极，而且连赤道地区的海洋和陆地上也被厚厚的冰层所覆盖。贵州当时处在南纬20°附近，海洋也被冰层覆盖。

　　距今约7亿年时，由于雪峰造山运动，梵净山、雷公山以及贵州西部大部分地区上升成为陆地平原，只有黔东南榕江、锦屏一带为海洋。陆地平原光秃秃的，几乎没有生物生活，只是在不断地被河流侵蚀。

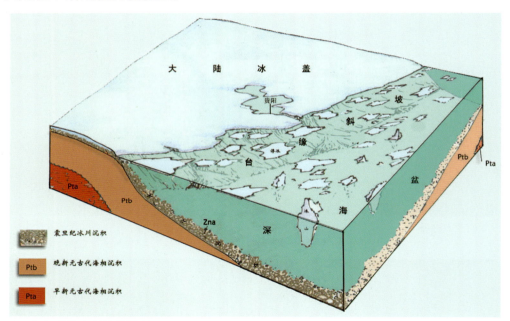

震旦纪冰川沉积

晚新元古代海相沉积

早新元古代海相沉积

◆ 6亿年前的贵州地貌景观

　　大约在6亿年前，贵州东部为海洋，中西部为陆地，在开阳—修文—清镇一带有一个湖泊。当时陆地上寸草不生，是一个侵蚀平原。海岸线在瓮安—都匀一线，发育有类似现代青岛一样的海滩。贵州东部的海洋水深在100~200 m，锦屏—榕江以南为水深1000 m的深海。当时，地球变成"雪球地球"——陆地和海洋被厚厚的冰层所覆盖，不论是极地还是赤道附近，地球气温都在零下30℃左右，地球处于极度寒冷的冬天，生物只能生活在海底热喷泉附近，这是地球上最缺乏生命活力的时期。

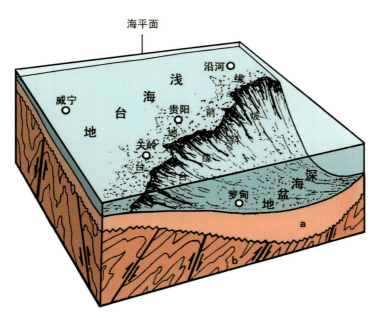

海洋中到处有冰山、冰筏，它们将陆地上大小不一的砾石源源不断地从山区往海洋中搬运。到达海洋后的冰山、冰筏逐渐融化，冰山、冰筏搬运的大小不一的砾石如同"石雨"落到海底，形成巨厚的冰成角砾岩。

◆ 5.8亿年前贵州海洋地貌景观

冰川时期结束后，整个贵州基本处于浅海海洋环境，只有东南面的罗甸—铜仁一带为深水海盆。

◆ 冰川作用形成的岩石——冰碛岩

5.6亿年前的贵州

5.6亿年前，全球冰川融化，海平面上升，6亿年前成为陆地的贵州中西部被海水淹没，贵州成为一片汪洋大海。沿河—福泉—都匀一线以东为半深海至深海环境，以西为浅海环境。而贵州中部为陆地，在陆地东面的福泉、瓮安、开阳和息烽等地为浅水海滩，浅水海滩环境中生活着大量的生物，有茂密的海底海藻，有古老的动物水螅、海绵，藻类吸收海水中大量的磷质，形成我国著名的开阳磷矿和瓮福磷矿。磷矿石中保存有大量的藻类化石、世界上最古老的海绵动物、水螅和动物胚胎化石。

◆ 瓮安生物群复原图（陈均远，2004）

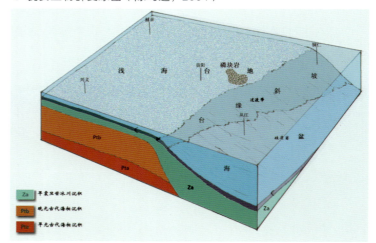

◆ 5.6亿年前的贵州（陡山沱成磷期）

◆ 瓮福磷矿采场

5.4亿~5.2亿年前的贵州

　　5.4亿～5.2亿年前，贵州还是一片汪洋大海，沿河—福泉—都匀一线以东为半深海—深海环境，以西为浅海环境。海洋中到处生机勃勃，生物繁盛，现在海洋中的各种动物门类的祖先都几乎同时在这一时间出现了，这就是科学家所说的"寒武纪生命大爆发"。当时，在贵州中西部和北部的织金、清镇、习水等地，浅海中出现小型的浅滩，在浅滩环境中生活着大量个体很小的类似锥管的软舌螺动物和形状现在还没有研究清楚的动物，它们是地球生命历史上首次具有骨骼和盔甲的动物，而在此前的动物几乎都没有骨骼和盔甲，这些动物死亡后堆积形成贵州西部的重要磷矿——织金磷矿。

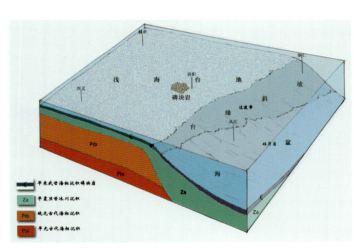

◆ 5.4亿年前的贵州地貌景观

◆ 寒武纪生物面貌

　　紧接着三叶虫等节肢动物大量出现，成为"三叶虫时代"，与其共生的还有海绵以及大型食肉动物——奇虾、海葵、蠕虫等，还有最古老的鱼类。在贵州台江水深约150m的海底斜坡上部，生活着大量的海藻和节肢动物、奇虾、腕足动物、棘皮动物等，有的游泳，有的在海底爬行，它们就是"凯里生物群"的组成部分。

◆ 凯里生物群生态复原图

4.5亿~4亿年前的贵州

中奥陶世—泥盆纪，贵州大部分地区上升为陆地，只在贵阳、三都、铜仁一带存在一个"丁"字形的海湾。贵州西部、南部和东部为丘陵陆地，陆地上几乎没有生物，只是在凤冈海岸边开始生长世界上最古老的高等植物。海湾生活着大量游泳的鹦鹉螺、飘浮生活的笔

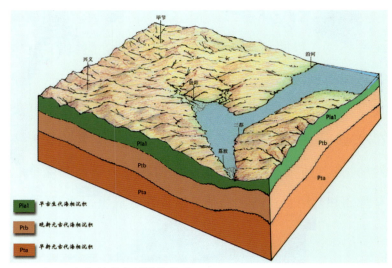

◆ 4.5亿~4亿年前的贵州地貌景观

石动物，海底生活着三叶虫、珊瑚、腕足动物，珊瑚大量繁殖形成贵阳乌当、石阡和凯里生物礁。

泥盆纪，由于广西造山运动，贵州古地理西高东低的格局被破坏，形成北高南低的古地理面貌。贵州北部成为陆地，陆地上生长着没有叶子的裸蕨植物和两栖动物，生命离开了"生命的摇篮"——海洋，开始陆上生活。南部为海洋环境，在盘县—安顺—平塘一线发育长达几百千米、宽几十千米的生物礁带。生物礁带南面是深海环境，海底经常发生浊

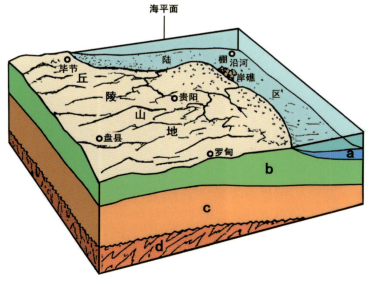

◆ 贵州4.4亿年前的地貌景观

流作用，水体中生活着个体小得像竹节一样的竹节石动物。生物礁带北面是浅海，生活着大量的鱼、腕足动物、珊瑚、层孔虫、原生动物等。在独山还有由大量的腕足动物、珊瑚堆积成的生物滩。

◆ 贵州晚泥盆世（3.6亿年前）海底生态景观

在3.6亿年前，贵州东面、北面均为陆地，仅在南面的罗甸—赫章一线存在海槽，海槽的边缘发育带状生物礁。而在贵阳—三都一带，存在一个大的海湾，海湾海滩发育，沙滩长逾200km，沉积大量的石英砂，比现在的三亚、青岛等地沙滩面积大100倍以上。

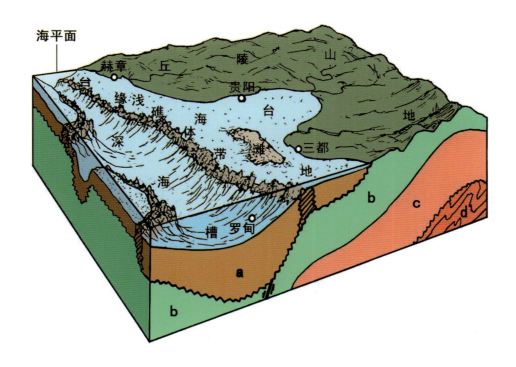

◆ 贵州3.6亿年前的地貌景观

3.5亿～3亿年前的贵州

3亿年前的石炭纪，贵州还是处于北高南低的地貌，北部的陆地已经存在有1亿年左右，地表的沉积岩石经过如此长时间的风化剥蚀，表面形成一层富集铝土矿的土层——风化壳。陆地经过1亿年的风化剥蚀而成为准平原，发育季节性河流，雨季时泥石流把陆地上风化物质——铝土矿搬运到相对低洼地区，贵州铝土矿就是这样形成的。这一时期，陆地上只有少量的两栖动物和植物，海岸潮坪环境生长着大量的高大乔木，有蕨类植物和裸子植物等，它们形成了类似于贵阳乌当3.2亿年前的煤层。当时海岸线在毕节—贵阳—瓮安—榕江一线，南面为浅海，海洋里生活着很多珊瑚、腕足动物，以及个体很小的原生动物。浅海中零星分布着暗礁和水体较深的洼地。

3.5亿～3亿年前的贵州，在毕节—贵阳—榕江一线以北区域为准平原陆地，当时陆地上河流发育，地貌平缓，在靠近海岸一带，发育大片平原、沼泽，类似于今天的山东黄河入海口东营一带的自然景观。而罗甸—紫云—水城一线发育一个深海槽，在罗甸海槽较深较大，往水城方向变窄变浅。

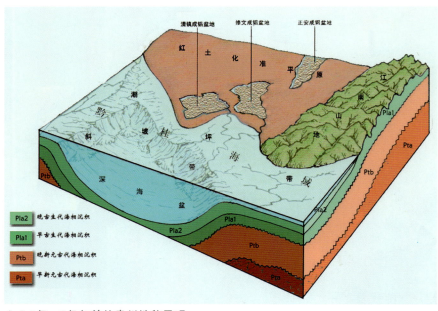

◆ 3.5亿～3亿年前的贵州地貌景观

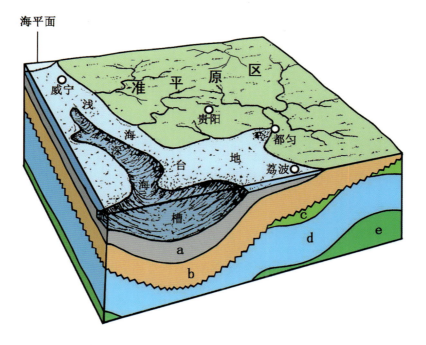

◆ 3.5亿年前的贵州地貌景观

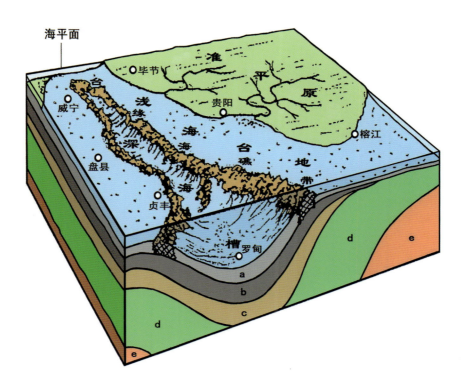

◆ 3亿年前的贵州地貌景观

2.5亿年前的贵州

　　2.5亿年前的二叠纪，是全球海平面上升时期，整个贵州又被海水淹没，成为汪洋大海。海洋中生活着大量的个体很小的原生动物——蜓，还有很多像轮盘一样的菊石、珊瑚、腕足动物、苔藓动物、海绵动物、层孔虫等。织金一带还生活着长达10m的巨大古鲨鱼，它们在海里捕食菊石。贵州海的南面兴义—贞丰—紫云—望谟—罗甸一线发育长几百千米，宽几十千米的生物礁带，整个贵州海风平浪静。正在这时，云南西北部、四川西部地壳在悄悄抬升，陆地在扩大，贵州威宁成为河流纵横的海岸平原。贵州西部海岸平缓，潮坪发育，生长着大量的高大的木本植物，到处都是沼泽地，森林茂密，植物死亡后形成贵州西部的煤炭资源。由于地壳不断地抬升，终于在一个风和日丽的春天，位于云南永仁县和四川米易县一带突然发生了地裂，大量的岩浆冲天而出，地面和海洋中岩浆滚滚，天空布满灰尘，暗无天日，酸雨连绵。

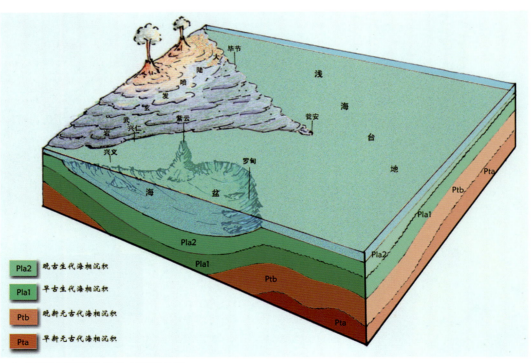

◆ 2.5亿年前的贵州火山喷发景观

陆地上发生森林火灾，大片的森林被烧毁，海洋遭受严重污染，生物大量死亡。贵州海中的珊瑚、腕足动物、蜓类动物、苔藓动物等生物大量死亡，陆地上成片的森林被毁坏。然而，更大的灾难在随后的1000万年的二叠纪末发生了，一颗直径10km的陨石撞上了地球，引起地球上的生物大绝灭。贵州海中的蜓类动物、苔藓动物也随之绝灭，珊瑚、腕足动物中很多种类也死亡。

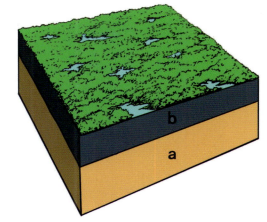

◆ 植物形成煤炭之前的地貌景观

◆ 植物形成煤炭过程示意图

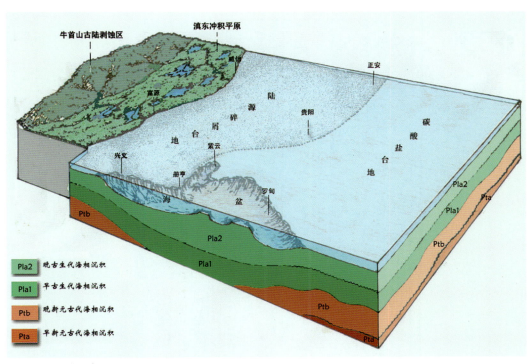

Pla2	晚古生代海相沉积
Pla1	早古生代海相沉积
Ptb	晚新元古代海相沉积
Pta	早新元古代海相沉积

◆ 2.5亿年前的贵州地貌景观

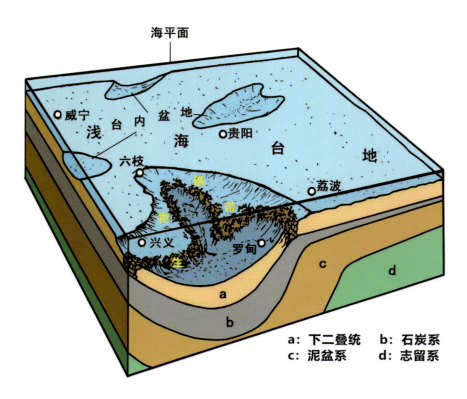

◆ 2.5亿年前贵州南部生物礁带

在2.5亿年前，即在峨眉山火山大喷发前夜，贵州处在一片汪洋的海洋环境。在罗甸—兴义一带，存在一个环形礁带，发育大量的珊瑚礁。珊瑚礁带南面为深海，西北面为浅海环境，局部地区，如贵阳、遵义等地发育较小的较深海盆，往往形成锰矿，如遵义锰矿。

2.5亿年前的晴隆海滩

　　贵州晴隆一带在2.5亿年前，为一滨岸海滩，当时玄武岩喷发形成的熔岩流入海水，炽热的玄武岩流在海水中急剧爆裂，炽热玄武岩冷凝收缩，柱状节理发育，形成的熔岩角砾，被海浪改造，形成大量的鹅卵石，在潮汐流和沿岸流的相互作用下不断磨蚀形成砾石海滩。

◆ 滨岸海滩景观图

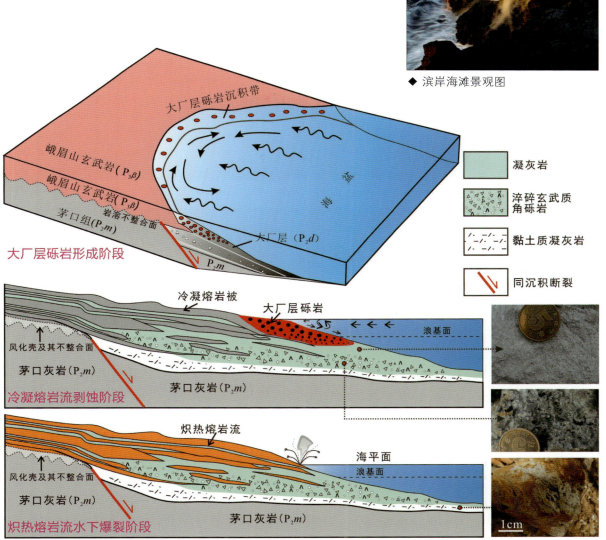

◆ 大厂层砾岩形成过程示意图

2.4亿年前的大贵州滩

　　大贵州滩在罗甸—平塘一带，是距今2.5亿～2.3亿年前发育在深海盆地中的孤立碳酸盐岩台地，面积达数百平方千米。大贵州滩地层连续、相带清晰、化石丰富，是全球同一地质时期罕见的孤立台地，可与当代的加勒比海"大巴哈马滩"等相提并论，是全球

◆ 大贵州滩实景图

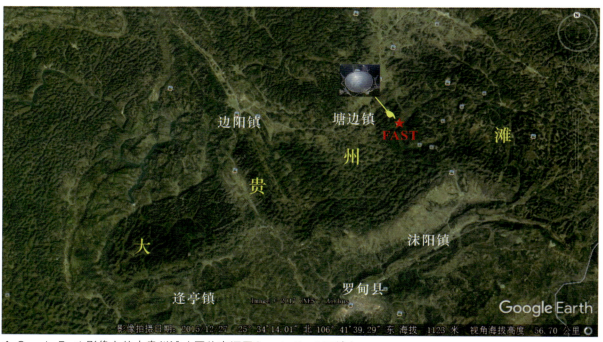

◆ Google Earth影像上的大贵州滩（图片来源于Google Earth网站）

范围内研究二叠纪末期生物集群灭绝事件，三叠纪生物复苏和生态系统重建过程，中、下三叠统界线等的理想场所，具有重大的科学意义和观赏价值。大贵州滩周边环境优美，配套景点多，是进行地质旅游开发的理想场所。

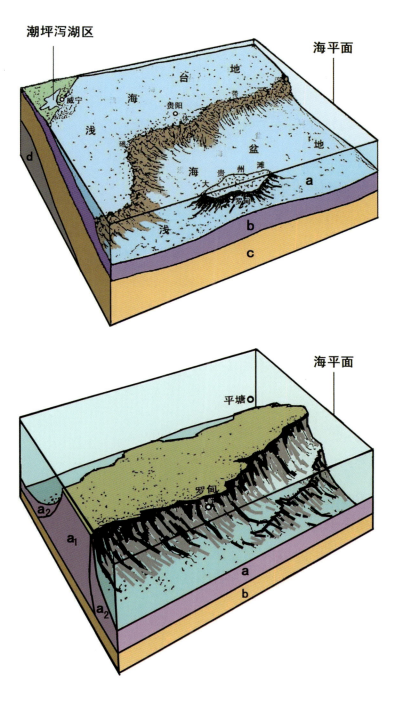

◆ 2.5亿～2.3亿年前大贵州滩复原图

2亿年前的贵州

2.2亿年前的三叠纪，贵州是一片海洋，沿兴义—贞丰—安顺—贵阳—福泉一线发育生物礁带，紫云—罗甸发育孤立的碳酸盐台地。海洋中生活着大量的六射珊瑚、瓣鳃纲动物、菊石等。在兴义海区生活着"小恐龙"——贵州龙动物群。在关岭海区生活着大量的鱼龙、海龙、楯齿龙等海生爬行动物群，它们在海洋中捕食菊石和腕足动物，海底生活着大量的海百合动物。

直到2亿年前发生了东吴造山运动，贵州上升为陆地，海水从此退出贵州。在海水退出过程中，在贵州南部形成了大片沼泽地，上面生长着植物，植物死亡后形成煤层。陆地树丛中生活着一些爬行动物。

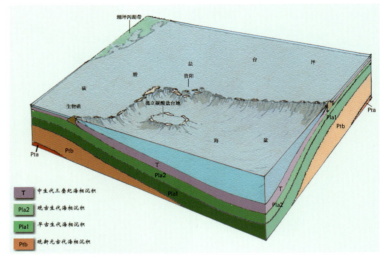

◆ 2.2亿年前的贵州地貌景观

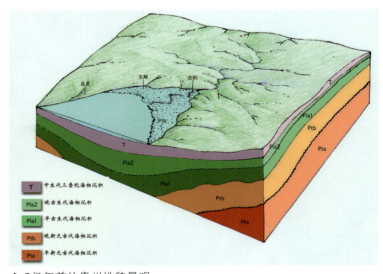

◆ 2亿年前的贵州地貌景观

1亿～0.4亿年前的贵州

　　1亿～0.4亿年前的贵州，由于喜马拉雅造山运动，贵州成为高山丘陵，蓝蓝的湖泊相嵌其间，湖水中生活着为数较少的鱼类、叶肢介、瓣鳃等动物，湖岸边沼泽地生长着很多植物，气候炎热、干旱。陆地上长着高大的桫椤树，茂密成林，林间生活着大型爬行动物——恐龙，它们中有食草的梁龙、腕龙等，也有食肉的异齿龙、偷蛋龙、霸王龙等。在贵州北面的习水湖中生活着凶猛的鳄鱼，而在息烽湖岸、平坝湖岸、晴隆湖岸生活着大量的恐龙，还有桫椤树、苏铁树，它们构成了贵州的"侏罗纪公园"。

　　而贵州梵净山、雷公山、元宝山之下早期的岩浆侵入，形成了大量的花岗岩、辉绿岩等，它们是贵州重要的装饰石材资源。

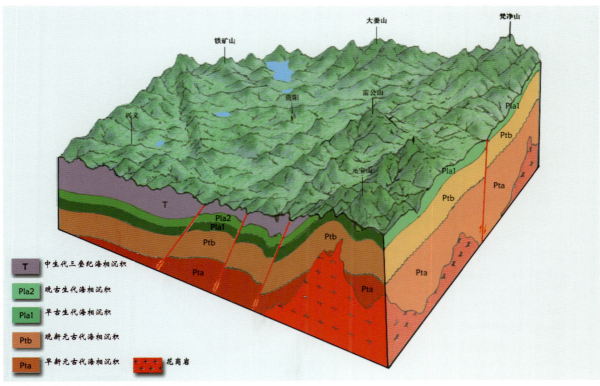

◆ 1亿年前的贵州地貌景观

几十万年前的贵州

　　几十万年前的贵州，由于遭受强烈的风化侵蚀，使得贵州高山被慢慢夷平，成为云贵高原。当时的古地理面貌与现在基本一样，山川纵横，梵净山、雷公山、元宝山和大娄山高耸在贵州大地上，北盘江、乌江、清水江在群山之间蜿蜒。在桐梓、兴义、水城、普定等地的洞穴中居住着贵州人的祖先，它们以猎食野生动物为生。

　　几十万年前的一个冬天，贵州被突如其来的冰雪所覆盖，生活在贵州大地上的大型猛犸象被活活冻死。生活在草地上的一群群剑齿象、大熊猫、巨貘、犀牛、水鹿等也难逃厄运。

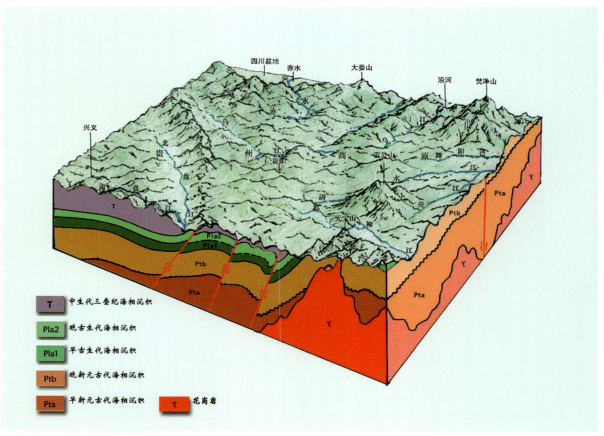

◆ 几十万年前的贵州地貌景观

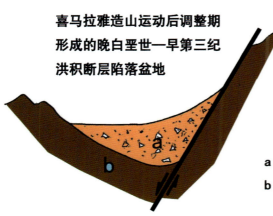

喜马拉雅造山运动后调整期
形成的晚白垩世—早第三纪
洪积断层陷落盆地

a 晚白垩世—早第三纪泥石流沉积
b 基岩

喜马拉雅造山运动余波间
隙性抬升期形成的多级夷
平面和河谷阶地

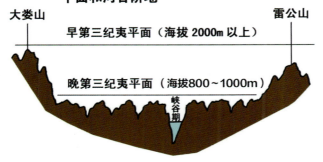

省内的大娄山、雷公山
等为其残留体

由大致同高山头组成，
沿主要河流两侧分布

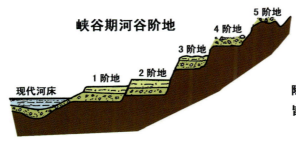

除4阶地为冰川堆积外，其余
皆为河流冲积成因

◆ 喜马拉雅造山运动在贵州的表现

草海——贵州最大淡水湖

草海名为"海"，其实为淡水湖泊，位于贵州西部的威宁，是现今贵州最大的天然淡水湖。

草海的出现时间，大致可以追溯到距今290万～220万年前。当时草海水域面积达200 km²，水深约15~20 m，海天一线，气势恢宏。后来，由于遭受了长时间的构造运动影响，草海的地理位置及水域轮廓发生了剧烈变化，大致在距今约73万年前基本定型，水域面积减小至150 km²。之后，由于青藏高原的不断隆升而引起大面积的地壳抬升，草海所在之处海拔也随之逐渐升高，水体中心不断向东面迁移，草海水域面积大幅度减小。时至今日，草海水域面积不足50 km²。

◆ 现代草海生态景观

平面图

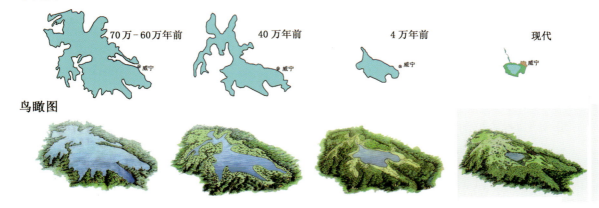

70万-60万年前　　　40万年前　　　　4万年前　　　　　现代

鸟瞰图

草海水面随地壳间歇性隆升及相应的潜水面下降而逐渐缩小

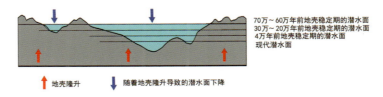

70万～60万年前地壳稳定期的潜水面
30万～20万年前地壳稳定期的潜水面
4万年前地壳稳定期的潜水面
现代潜水面

▲ 地壳隆升　　　▼ 随着地壳隆升导致的潜水面下降

◆ 73万年来草海演化过程

平塘救星石

　　贵州平塘掌布河峡谷中的一块灰岩壁上，因形成了类似"中国共产党"字样的图案，而被赋予了"救星石"的美名。图案中包含的"中国共产党"5个字，大小均匀，排列整齐，是一种天然形成的、具有极高观赏价值的地质奇观。

◆ 平塘救星石

　　从地质学的角度或整个地质演化历史来看，形成这一奇特地质现象的概率都是非常低的，属于地质演化历史进程中的一种极为偶然的自然现象。但对其成因我们都可以通过地质学原理进行合理的解释。平塘掌布河峡谷的救星石图案主要由2.6亿年前钙质海绵生物所组成，生物化石及生物碎屑呈近似层状展布于可溶性的灰岩表面，由于遭受了差异性溶蚀和风化作用，使得生物化石及生物碎屑相对突出而形成现在的地质奇观。

龙里高山草原

◆ 龙里高山草原

　　龙里高山草原位于龙里县草原乡，其主体部分主要由9个面积分别达10 km²以上的、长满草甸的坪台构成，总面积逾90 km²。龙里高山草原的独特优势，在于它不但具有蒙古草原的辽阔与壮美，而且展现出了高原山区山峰林立、峰峦叠嶂的雄伟与豪迈，从而形成了一个独具特色的，集休闲、度假于一体的旅游胜地。

　　龙里高山草原表层以黑色泥炭层为主，这些泥炭层以每年1.75 mm的速度堆积，也正是有了这些泥炭堆积物，才有了现在广袤的绿油油的草甸。

　　龙里高山草原顶部地层，即草原坪台部分主要由约3.46亿年前形成的石英砂岩（下石炭统大塘阶）组成。在石英砂岩之下由3.59亿年前形成的灰岩组成。由于灰岩为可溶性的岩石类型，所以在灰岩（下石炭统岩关阶）中常形成岩溶漏斗、落水洞、岩溶峡谷、峰林、峰丛等地质景观。草原坪台400m以下的岩石则由3.7亿年前形成的白云岩组成，由于白云岩相对难溶于水，因此这套白云岩就充当起了其上部岩溶景观的底座，支撑着岩溶景观的发展和演化。

◆ 龙里高山草原地貌景观特征（张竹如 等, 2001）

镇宁黄果树瀑布

位于贵州镇宁的黄果树瀑布是世界著名大瀑布之一，瀑布沿着2.47亿年前形成的泥灰岩、白云质灰岩倾斜而下，瀑布高度77.8 m，宽度101 m。

◆ 黄果树瀑布

　　黄果树瀑布的形成是地壳抬升、白水河发生溯源侵蚀作用的产物。地壳抬升使得河流侵蚀基准面不断下降，河流下蚀作用不断加强，容易在河床上形成一些小规模的溶洞或落水洞，随着河流侵蚀作用的持续进行，溶洞或落水洞不断扩大，上部的岩石会因失去支撑而发生坍塌，从而形成了黄果树瀑布的雏形。之后，河流向下、向两侧及源头的侵蚀作用继续进行并逐渐增强，经过长时间的自然塑造，才形成如今气势磅礴、咆哮而下的黄果树瀑布景观。

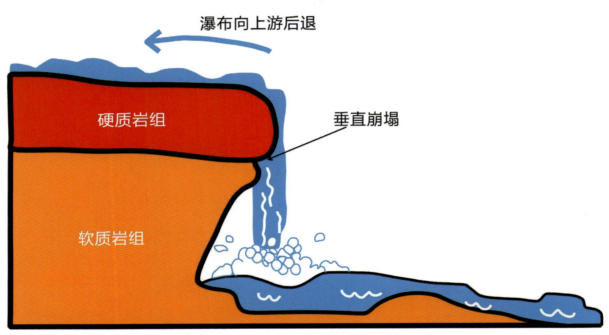

◆ 瀑布形成机理图（嵇少丞，2013a）

天星桥喀斯特石林

贵州天星桥石林位于安顺以西45km，距贵阳128km。组成天星桥喀斯特石林的岩石主要由下三叠统安顺组白云岩和灰岩组成，这些岩石形成于距今2.4亿年前左右。

◆ 天星桥石林

天星桥石林发育主要依赖于组成石林的岩石类型和构造条件，其中构造条件起着更重要的作用。岩石表面节理是控制和影响天星桥石林形态的重要因素之一，它们类似于用刀切豆腐后形成的刀痕。当岩石表面形成较多节理后，一方面使得完整的岩石被切割得支离破碎，形成很多的裂隙或裂缝；另一方面，这些裂缝或裂隙也加速了地表水和地下水的流动和循环。随着水流对两侧岩石的不断溶蚀、侵蚀，加剧了岩石中的裂隙的发育程度及规模，从而形成独立排开的岩石柱，即石林。

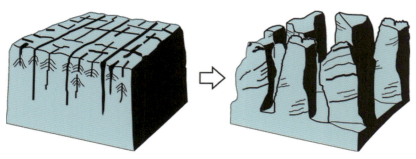

◆ 喀斯特石林形成过程示意图（文雪峰 等，2012）

赤水丹霞地貌

丹霞地貌指由产状水平或平缓的层状含铁钙质红色碎屑岩（主要是砾岩和砂岩），受垂直或高角度节理切割，并在差异风化、重力崩塌、流水溶蚀、风力侵蚀等综合作用下形成的有陡崖的城堡状、宝塔状、针状、柱状、棒状等地形。赤水是贵州省唯一的丹霞地貌分布区，面积逾 $1200\,km^2$，也是全国面积最大、发育较为壮观的丹霞地貌。在第34届世界遗产大会上，赤水丹霞地貌一跃成为我国第八个世界自然遗产。

赤水丹霞地貌风景区中分布的紫红色砂岩表面可见有很多大小不一、形态各异的凹坑，这些各具特色的凹坑不是人工凿刻出来的，而是经水流溶蚀作用而形成的，是自然地质作用的结果。鲜艳的紫红色是由岩石中富含的氧化铁所引起的。

◆ 赤水丹霞地貌

球状岩石

◆ 岩石球状风化

　　这里提到的"球状岩石"主要分布在贵州西北部，特别是在六盘水地区，在该地区所筑道路的两侧形成了一道非常美丽的风景线。该类型岩石主要以峨眉山玄武岩为主，峨眉山玄武岩是在陆地上由火山喷发堆积而形成的一种岩石类型，其形成时间距今约2.6亿年前。

　　"球状岩石"是原岩经受球状风化作用后而形成的产物。其风化作用的方式以化学风化和物理风化为主，对岩石进行不断的溶蚀和剥蚀，从而使其棱角逐渐消失而变得更为圆滑，岩石则被一层一层地剥落而变薄、变小。因其形态类似洋葱，也称其为"洋葱石"。

◆ 球状岩石结构

石阡龟裂纹灰岩

　　龟裂纹灰岩在贵州主要分布于石阡一带，是一种颜色呈红色，表面具龟裂纹状或马蹄状的灰岩。这套岩石在石阡一带的沉积厚度为30~80 m，厚度大，且延伸稳定，因而被用作石材。

　　龟裂纹灰岩赋存于上奥陶统宝塔组之中，形成于距今4.5亿年前。它们代表了一种干燥、炎热的气候条件，类似于在烈日当头的炎炎夏日，河水断流，河道干涸后，河床底部沉积下来的软泥因水分大量蒸发而出现的泥裂现象。因其表面构造样式形似乌龟壳上的裂纹或马蹄，而被冠以龟裂纹灰岩及马蹄石灰岩之名。

◆ 灰岩表面龟裂纹

◆ 河床干枯后河底淤泥收缩形成的裂纹

◆ 石阡龟裂纹灰岩采石场

喀斯特地貌演化

　　早期地表水沿岩石表面裂隙向下渗流成为地下水，地下河道的雏形开始出现，并形成大量溶沟、石牙和少量落水洞与溶蚀漏斗。

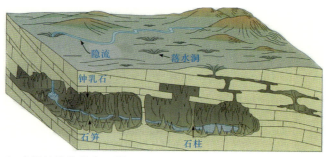

◆ 喀斯特地貌发育早期

　　水体的垂直渗流和径流作用增强，地下水系发育，溶蚀漏斗和落水洞规模及数量增多，形成大量溶蚀洼地和溶洞。之后，溶洞扩大，有的溶洞顶板塌陷，就形成了溶蚀谷和天生桥。

◆ 喀斯特地貌发育中期

　　地下水以水平运动为主，溶洞大量坍塌，地下河转变为地表水系，地面高程被大幅度地降低，残留下来的岩石孤峰屹立于溶蚀平原之上，就形成了石林景观。

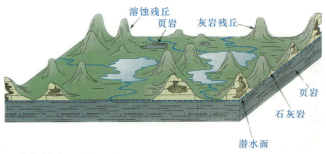

◆ 喀斯特地貌发育晚期

平塘世界级天坑群

平塘世界级天坑群位于平塘县塘边镇打鸟村。天坑群由12个天坑组成，分布面积约20km²，深度超过300m。最大天坑深度543.2m，直径约1800m，属世界最大的天坑。位于贵州平塘的中国"天眼"就建于这些天坑之中。

从地质学专业角度分析，天坑其实质就是地陷，属于一种较为普遍的地质现象。碳酸盐岩广泛发育的地区，地下暗河往往分布较为密集，而且地下暗河水体多呈酸性，这些酸性水体对碳酸盐岩的溶蚀、侵蚀作用异常剧烈，易形成具有一定规模的地下暗河或溶洞。当这些地下溶洞或暗河不断扩大，导致了上覆岩层大面积坍塌，就形成了天坑。

◆ 天坑地球影像图（卫星图片来源于Google Earth）

◆ 平塘天坑实景图

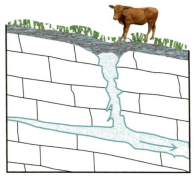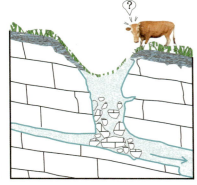

◆ 天坑形成过程示意图（嵇少丞，2013b）

黎平高屯天生桥

黎平高屯天生桥位于贵州省黎平县城东北方向约12km的湾寨附近，该桥全长256m，主拱跨度138.4m，桥宽118m，拱高至水面36.64m，拱顶岩层厚40m，其拱跨度远大于原吉尼斯世界纪录保持者——美国犹他州雷思博天然拱桥（跨度88m，高30m），这使其一跃成为世界之最的天然拱桥。

◆ 美国犹他州拱桥

在碳酸盐岩极为发育的贵州，大量的地下溶洞或地下暗河发育，当这些溶洞或暗河的规模不断扩大，上部岩层或岩石失去支撑，在构造运动或自身重力作用下发生垮塌，垮塌下来的岩石碎块被水流长期改造、磨圆，或被搬运至较远的地方，溶洞中间部分被不断地掏空，从而形成具有一定拱形的地貌。

◆ 黎平高屯天生桥

兴义万峰林

　　兴义万峰林是国家AAAA级旅游风景区和国家地质公园，享有"中国最美的五大峰林"之美誉。兴义万峰林景区由成千上万座造型独特、气势雄伟的奇峰组成。

　　在距今大约2.5亿年前，贵州兴义一带主要发育生物礁带，形成了大量的碳酸盐岩，这些碳酸盐岩也是组成万峰林的主要岩石类型。之后，由于受到地壳抬升运动的影响，沉积碳酸盐岩不断遭受溶蚀和剥蚀，出现溶洞、溶蚀漏斗、溶蚀洼地、地下暗河等地貌类型。在二氧化碳和有机酸的作用下，碳酸盐岩的裂缝不断被拓宽和加深，经过近2亿年的改造，才形成了现在的万峰林奇观。

◆ 兴义万峰林地貌景观

绥阳双河溶洞

绥阳双河溶洞国家地质公园位于贵州省遵义市绥阳县温泉镇，溶洞群自下而上分为3层，由8条主洞，160余个喀斯特洞穴组成。洞穴中遍布奇石美景，特别是由碳酸盐岩溶解而形成的石膏晶体、葡萄石、卷曲石等，更是令人称赞叫绝。绥阳双河溶洞另外一个独特优势在于它的长度。2018年双河洞国际洞穴科考新闻发布会上公布了中国、法国、加拿大等多国洞穴探险家针对绥阳双河溶洞科考结果，最新

◆ 绥阳双河溶洞

◆ 绥阳双河溶洞洞内景观

数据显示，绥阳双河溶洞探测长度达到238.48km，成为当之无愧的中国最长、亚洲第一长洞，其排位迅速提升至世界第六位。

◆ 绥阳双河溶洞洞内景观

绥阳双河溶洞景区主要坐落在形成于5.6亿～2.5亿年前的碳酸盐岩和碎屑岩之上，其中以碳酸盐岩为主。绥阳双河溶洞形成是地壳抬升和地下水长期侵蚀作用的结果。自寒武纪以来，贵州经历了多次的地壳构造运动和造山运动，发生了多次的地壳抬升。地壳抬升，会使得地表河流或地下暗河向下侵蚀的能力增强，造成地表河谷变得越来越深，地下暗河流经的溶洞变得越来越高。绥阳双河溶洞穿过的地层岩性以可溶性的碳酸盐岩为主，碳酸盐岩遭受溶蚀、沉淀，常形成钟乳石、石笋、石柱等典型的喀斯特地貌景观。绥阳双河溶洞中保持着一个相对恒定的温度，而且洞穴里面二氧化碳含量相对较高，在0.04%左右，这种环境容易形成一些偏酸性的水体，加速了洞穴中碳酸盐岩的溶蚀速度，强烈地改变并重塑着洞穴的结构和形貌。绥阳双河溶洞就是在这种周而复始的地质作用下逐渐形成的。

◆ 绥阳双河溶洞洞内景观

贵州织金洞国家地质公园

◆ 织金洞奇观及钟乳石纹层

织金洞是大自然赠给人类的一件稀世珍宝，具有极高的观赏和科研价值。织金洞是一个4层迷宫状旱洞，已探明长度12.1km，洞厅内各类钟乳石40多种，几乎囊括了世界各种类型的钟乳石。钟乳石千姿百态，美妙绝伦，是极其珍贵的天然艺术品，其中有不少是盖世无双的珍品。

在溶洞中生长的石笋，发育大量的纹层，有的可以直接用肉眼识别，而有的只能在显微镜下观测。一些纹层时间跨度大，为多年层，一些纹层时间跨度小，为年层。

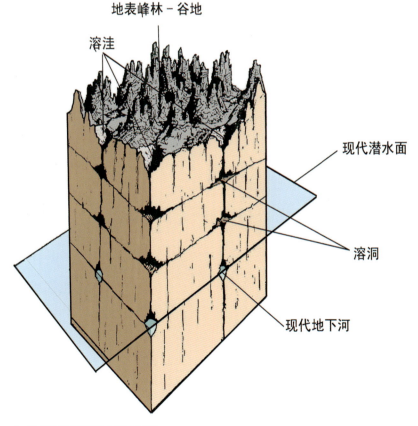

◆ 贵州喀斯特溶洞空间系统

贵州金刚石

贵州金刚石品质很好，达到钻石级别，主要产于镇远、黎平等水系沉积物中，常常在河床淘洗沙金时获得。目前，地质科学者在镇远找到含金刚石的岩体——钾镁煌斑岩，但规模小。黎平可能存在大的含金刚石岩体，一旦发现金刚石岩体，贵州将成为重要的金刚石产地。

原生金刚石是在地下深处（130~180km）高温（900~1300℃）高压（45×10^8~60×10^8 Pa）下结晶而成的，它们储存在金伯利岩、榴辉岩、钾镁煌斑岩中，其形成年代相当久远。南非金伯利矿，属橄榄岩型钻石，约形成于距今33亿年前，贵州金刚石形成于5亿年前。

贵州金刚石岩体在雷公山？在镇远、思南？这需要未来我们去探宝！

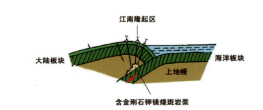

◆ 金刚石原生矿板块构造成矿模式

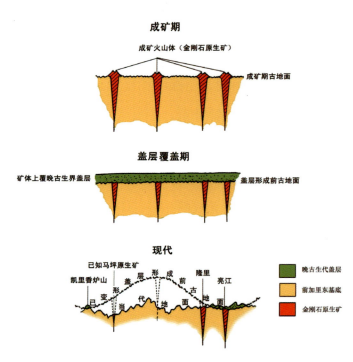

◆ 贵州金刚石找矿前景分析

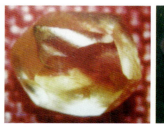

◆ 贵州宝石级金刚石

贵州铝土矿

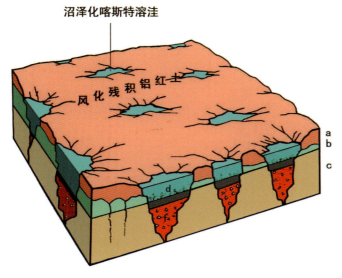

沼泽化喀斯特溶洼

风化残积铝红土

a 风化残积铝红土（转化为铝土矿）
b 风化残积富铝岩石
c 可溶性石灰岩
d 水体
e 沼泽淤泥
f 坠入洼地铝红土碎块（转化为优质铝土矿）

◆ 风化作用形成铝土矿模式

贵州在距今2.8亿～2.5亿年前，由于黔中古陆长达1亿多年暴露于地表，岩石在温暖潮湿气候下不断风化，岩石脱钙、脱铁、脱硅，先形成高岭土，最后形成铝土岩堆积在地表。这些铝土岩由于降雨而被河流冲刷、搬运到地表低洼的湖泊，堆积形成铝土矿。在铝土矿层之下，往往沉积铁矿层。

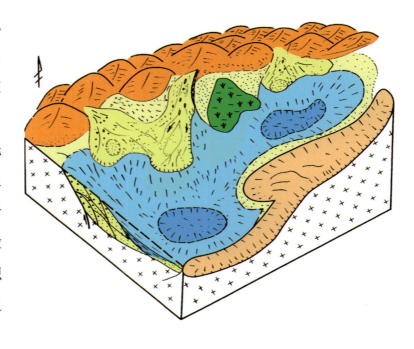

◆ 铝土矿搬运、堆积成矿过程

贵州锰矿

　　贵州锰矿主要形成于6亿年前的铜仁松桃地区和2.5亿年前的遵义地区。锰矿是海底喷发汽水热液作用而形成的，同时伴随着海底火山喷发，类似于现代海底黑烟囱成矿。

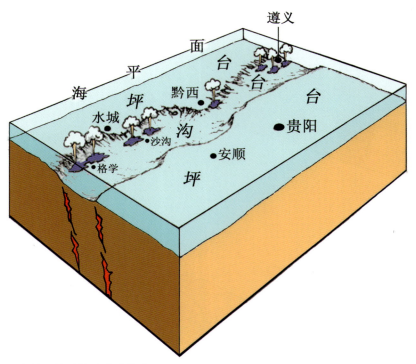

◆ 贵州二叠系锰矿成矿模式

◆ 锰矿石

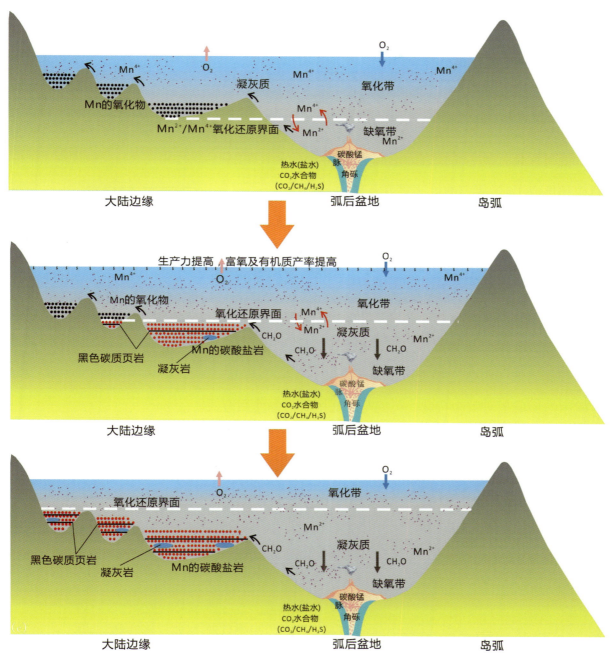

◆ 贵州大塘坡期锰矿成矿理想模式图

贵州重晶石矿

　　贵州重晶石矿主要代表为形成于5亿年前的天柱重晶石矿和形成于4亿年前的镇宁重晶石矿。

　　贵州天柱大河边重晶石矿床为世界最大的沉积型重晶石矿床，其储量2亿多吨。

　　贵州重晶石矿主要属于沉积型矿床，其形成与海底热水喷流沉积有关，是由于大量的富钡流体从地壳深部喷出海底，在海底堆积形成，它的形成机理类似于现代大西洋深海底的黑烟囱喷发沉积成矿。镇宁泥盆系重晶石矿床的形成相对较为特殊，可能与海底甲烷渗漏作用有关。

◆ 镇宁重晶石矿体野外特征

◆ 天柱重晶石矿体野外特征

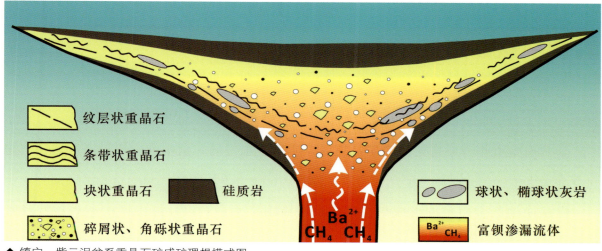

图例：

纹层状重晶石

条带状重晶石

块状重晶石　　硅质岩

碎屑状、角砾状重晶石

球状、椭球状灰岩

Ba^{2+} CH_4　富钡渗漏流体

◆ 镇宁—紫云泥盆系重晶石矿成矿理想模式图

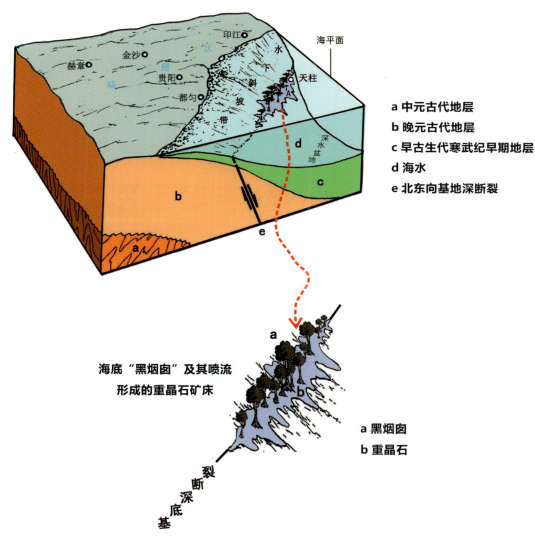

a 中元古代地层

b 晚元古代地层

c 早古生代寒武纪早期地层

d 海水

e 北东向基地深断裂

海底"黑烟囱"及其喷流
形成的重晶石矿床

a 黑烟囱

b 重晶石

◆ 天柱重晶石矿形成位置

黔西南金矿形成过程

　　黔西南是贵州省最重要的金矿富集区，产出了水银洞、紫木凼、烂泥沟、戈塘、泥堡等多个大型、超大型的金矿床，金资源储量逾600t，是我国金三角的重要组成部分。

　　黔西南地区金矿床的形成与晚二叠世峨眉山玄武岩，以及燕山期构造运动等有紧密的联系，是多因素综合控制形成的含矿地质体。金矿中金平均含量2~3 g/t，金颗粒仅0.1~1μm，很细小，肉眼看不到。

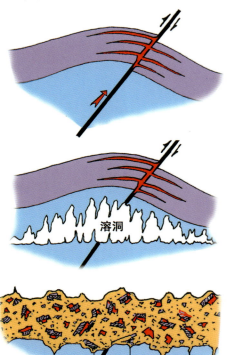

含矿热液沿断裂上升，选择有利环境淀积成矿。

矿床下伏碳酸盐岩强烈喀斯特化，形成的规模溶洞，最终导致含矿层崩塌。

含矿崩塌物在喀斯特化地面上遭受强烈风化

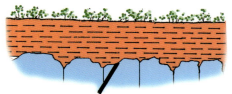

塌积物在风化过程中非矿物质流失，金元素相对富化，最终转化为次生红土型金矿

 原生金矿　 崩塌含矿物质　 次生红土型金矿　 可溶性碳酸盐岩

◆ 黔西南微细粒型金矿成矿模式图

罗甸玉

贵州罗甸、望谟发现的罗甸玉，为贵州高档玉石，其与新疆和田玉、辽宁岫玉均属于软玉。它的主要矿物成分为透闪石。

罗甸玉根据颜色可分为：白玉、青玉、花斑玉等。罗甸玉形成可能与岩浆活动有关。地球深部高温岩浆侵入约2.6亿年前形成的灰岩中，引起灰岩变质而形成玉石。

◆ 罗甸玉石与玉石工艺品

紫袍玉带石

紫袍玉带石仅产于贵州梵净山。

紫袍玉带石为铝硅酸盐类型的矿物集合体，主要由紫红色的深色条带与灰绿色的浅色条带互层组成。紫袍玉带石中紫色玉石条带的三氧化二铁含量高，绿色玉石条带的铬元素含量高，这就是紫袍玉带石形成的奥秘。

紫袍玉带石属于海相沉积变质岩石，其主要矿物为水云母，韧性大，容易雕刻。

◆ 梵净山紫袍玉带石矿石与玉石工艺品

晴隆贵翠

晴隆贵翠于20世纪50年代在贵州晴隆大厂锑矿中被发现，是我国重要的硬玉之一，常作为高档大型工艺品原料。

晴隆贵翠常与锑矿相伴产出，其主要由微晶石英和少量地开石矿物组成，化学成分以二氧化硅为主。晴隆贵翠中由于含有锂云母、绢云母、绿泥石、高岭石、褐铁矿等矿物而呈现不同的颜色，常见的颜色有蓝绿色、淡绿色、淡蓝色。晴隆贵翠的形成与火山作用，以及与火山作用有关的热液作用密切相关，是热液流体对玄武质火山沉积物进行交代而形成的。

◆ 晴隆贵翠工艺品

◆ 晴隆贵翠矿层

贵州页岩气

　　贵州页岩气主要形成于4.5亿年前的志留系龙马溪页岩中，主要分布在黔北的赤水、务川、正安、道真等地。另外在5.4亿年前的寒武系页岩、3亿年前的石炭系页岩中也有页岩气存在。贵州页岩气资源量达1.95万亿立方米，居全国第三位。页岩气在页岩中以吸附状态存在，吸附在很小的孔隙中。

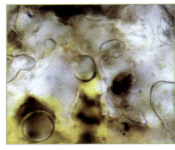

◆ 页岩气保存特征

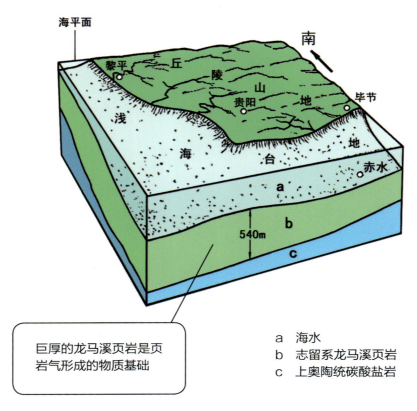

巨厚的龙马溪页岩是页岩气形成的物质基础

a　海水
b　志留系龙马溪页岩
c　上奥陶统碳酸盐岩

◆ 4.5亿年前贵州地貌景观

贵州柱状玄武岩

　　贵州柱状玄武岩主要分布在贵州省中西部地区，特别是在威宁、赫章、盘县等地分布较多，福泉一带少量分布。大约2.6亿年前，峨眉山地幔热柱强烈活动，岩浆大规模喷溢，在贵州西部沉积了厚度巨大的玄武质岩石，其中威宁一带玄武岩沉积厚度逾1200m，其间就分布有柱状玄武岩。

　　柱状玄武岩是岩浆从地幔深部喷溢出到海底，与冰冷的海水接触后，炽热的岩浆就会形成无数的冷凝收缩中心，如果岩石结构及其组成比较均匀，这些收缩中心就会等间距地均匀排列，在岩石张力作用下发生裂解，就会形成横切面具有六方形构造形式的岩石类型，即六方柱状玄武岩。

◆ 贵州柱状玄武岩

◆ 北爱尔兰由柱状玄武岩柱构筑的"巨人之路"

◆ 苏格兰斯塔法岛芬格尔洞中柱状玄武岩

◆ 中国台湾澎湖柱状玄武岩

世界上柱状玄武岩很壮观，如位于英国北爱尔兰贝尔法斯特西北约80 km处的大西洋海岸，4万余根大小均匀的玄武岩柱形成了延伸约千米的天然堤道。这些岩石是6000万～5000万年前，由火山喷发作用而形成。由于柱状玄武岩数量巨大，形态保存完美，且与海之间完美结合，更显其磅礴气势，蔚为壮观，人们形象地称其为"巨人之路"，这里是观赏柱状玄武岩自然景观极佳的场所之一。

在我国，香港西贡石柱、南京六合桂子山、福建漳州滨海火山国家地质公园、浙江临海桃渚、云南腾冲、台湾澎湖等地也有六方柱状玄武岩景观分布。

第三部分

史前贵州生物

　　贵州被誉为"古生物王国"，目前已经发现古生物化石约16个门类3000多个属种，有无脊椎动物、脊椎动物和植物。其中，有1000多种化石为世界首次发现而被载入生命发展的史册。贵州古生物化石不仅门类全面、属种众多，而且其中一些重要的古生物化石群，它们在研究古老生命的起源、演化方面具有重要的作用。

　　这些重要的生物群有：5.8亿年前的瓮安生物群，是早期生命的摇篮，具有最古老的动物化石和最古老的动物胚胎化石，是研究全球大冰期后生物复苏、辐射演化的重要证据；5.4亿～5.2亿年前的织金小壳动物群、清镇动物群、遵义牛蹄塘生物群、凯里生物群等系列生物群构成了解"寒武纪生命大爆发"的视窗；4.3亿年前的洞卡拉植物群是绿色植物世界的发祥地，具有最古老的高等植物化石；4亿年前的独山地层系统及大量生物化石，为全球保存最好的地质记录；2.5亿年前的"大堡礁"——贵州紫云、望谟、兴义二叠系生物礁，规模之大是国内外罕见；2.5亿年前的"石林"——贵州水城二叠系鳞木群，是世间难得的化石森林；2.2亿年前的最小的"恐龙"动物化石群——兴义贵州龙动物群；2.15亿年前的古生物王国的明珠——关岭晚三叠世早期海百合、海生爬行动物群；1.8亿年前的大方、息烽、平坝恐龙动物化石群。还有贵州人的始祖——盘县人、普定穿洞人、桐梓人等。贵州古生物化石到处可见，处处有分布，又有一些重要的化石群点缀，无异于"锦上添花"。这完全归功于贵州在史前长期处于海洋环境，使得大量的古老生命被记录下来。这是贵州的宝藏，是中华民族和世界自然资源宝库。

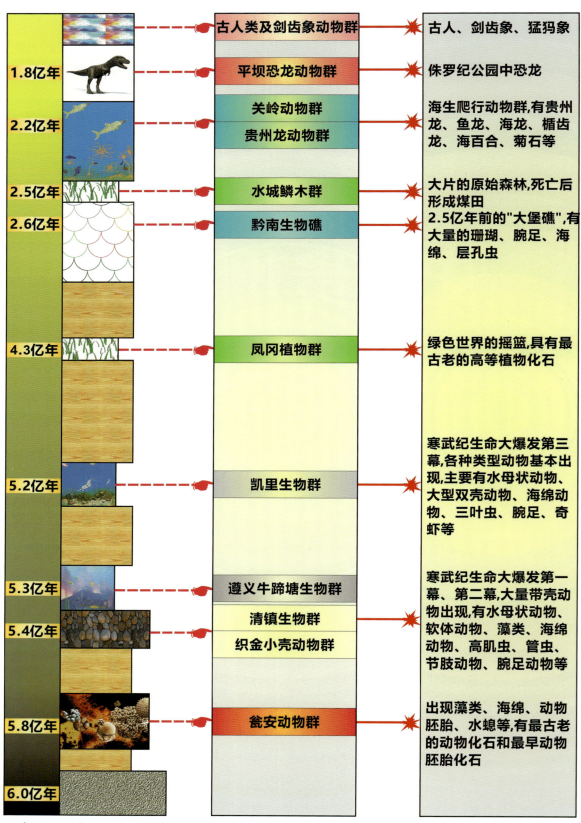

◆ 贵州重要生物群时代、产地和特征

动物摇篮——瓮安生物群

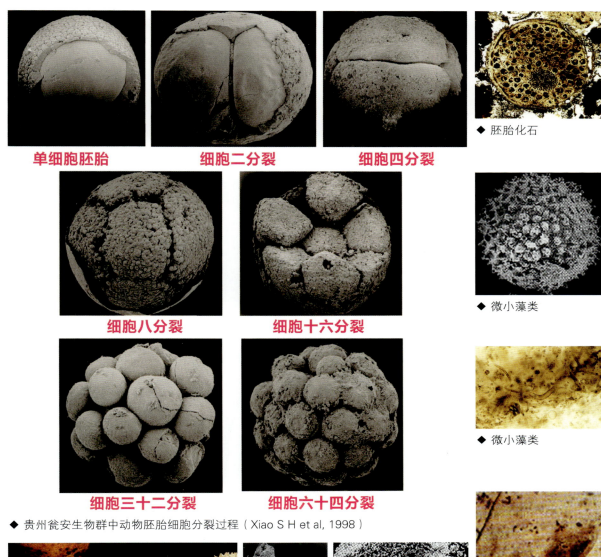

单细胞胚胎　　　细胞二分裂　　　细胞四分裂

细胞八分裂　　　细胞十六分裂

细胞三十二分裂　　　细胞六十四分裂

◆ 贵州瓮安生物群中动物胚胎细胞分裂过程（Xiao S H et al, 1998）

◆ 胚胎化石

◆ 微小藻类

◆ 微小藻类

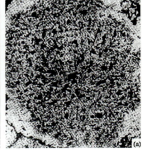

◆ 瓮安生物群胚胎化石　　　◆ 刺细胞动物　　　◆ 海绵动物化石

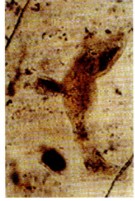

◆ 水螅动物化石

瓮安生物群中最古老的海绵动物化石

2015年古生物学家在贵州瓮安5.8亿年前的磷矿石中发现了原始海绵动物化石——贵州始杯海绵。化石十分微小，体积只有2~3 mm³，其保存了精美的细胞结构和完好的水沟系统，是迄今为止全球发现的最古老的可靠海绵化石的记录。

在此之前，虽然瓮安生物群中发现大量动物胚胎化石，但却缺乏可信的动物成体化石，故一些西方学者对这些胚胎的动物属性提出了质疑，他们认为这些处于细胞分裂阶段，分裂形态和大小类似动物胚胎的球状化石也有可能是硫细菌、原生生物或者团藻类绿藻。

贵州始杯海绵是保存细胞结构的三维动物成体化石，是真正的动物化石。

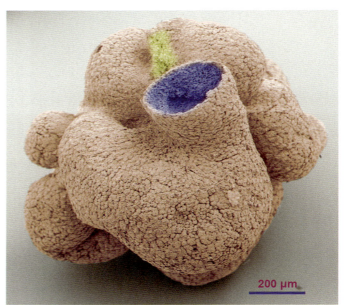

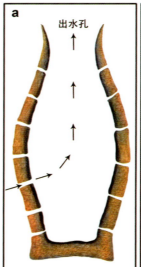
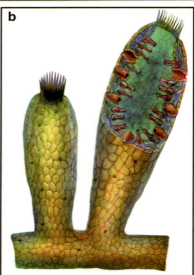

◆ 贵州始杯海绵化石和其复原图（Yin Z J et al, 2015）

寒武纪生命大爆发第一幕——织金小壳动物群

贵州织金5.4亿年前的磷矿石中，保存大量的微小化石，化石主要呈锥状，直径为1~2mm，它们中有很多是现代海洋生物的祖先，一些已经绝灭。这个生物群是世界上最早的带壳体的生物群。

◆ 织金小壳动物群

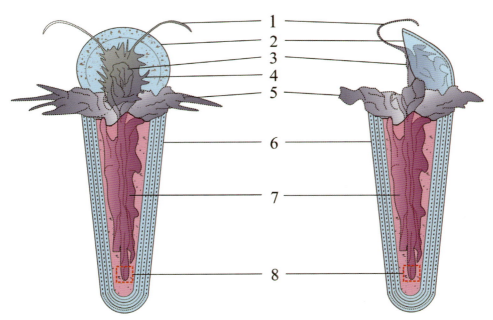

1-触手　2-口盖　3-软组织基部（发育嘴和肛门）
4-触角　5-足部　6-壳壁　7-内脏器官　8-分泌器官

◆ 小壳动物化石复原图及结构（高磊绘）

寒武纪生命大爆发第二幕——遵义牛蹄塘生物群

贵州遵义松林一带，在5.3亿年前的黑色页岩中保存了以海绵、高肌虫、软舌螺、藻类为主的化石群，被称为遵义牛蹄塘生物群。

当时，在遵义一带海底火山喷发，温泉发育，类似现在大西洋海底的黑烟囱，在热泉喷口附近，生活着大量的海绵、高肌虫、软舌螺、藻类、三叶虫等，它们死亡后被保存在黑色页岩中，构成了遵义牛蹄塘生物群。

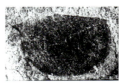

◆ 高肌虫化石

◆ 群体软舌螺化石

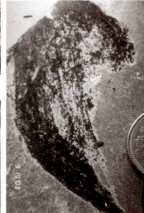

◆ 海绵化石

◆ 海绵化石

◆ 贵州遵义牛蹄塘生物群生态复原图（据赵元龙 等，2011修改）

寒武纪生命大爆发第三幕——凯里生物群

凯里生物群产于贵州剑河中寒武世地层中，其时代为5.2亿年前，是世界三大布尔吉斯页岩型生物群之一，主要产出三叶虫、棘皮动物、水母状动物、藻类、大型双壳动物、海绵动物、腕足动物、蠕虫动物等十大门类生物化石。

◆ 凯里生物群生态复原图

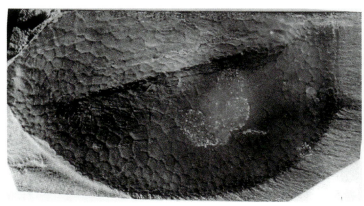

◆ 大型双壳动物化石

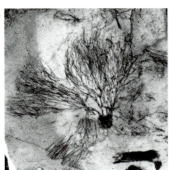

◆ 藻类化石

◆ 水母状动物化石

◆ 棘皮动物化石

三叶虫世界

　　三叶虫为节肢动物，由于其身体分为头、胸、尾三部分而称为三叶虫。一般体长3~10cm，最大长达70cm。往往在海底爬行，也有少量浮游生活。它从5.4亿年前出现，到2.5亿年前绝灭。

◆ 三叶虫复原图（彭丹毫绘）　　◆ 5亿年前的三叶虫化石

　　5亿年前的寒武纪海洋，浅海海底到处生活着各种各样的三叶虫动物，是三叶虫最繁盛时期。到4亿年前时，三叶虫开始衰退，数量减少，个体也变小，但个别三叶虫很大，长达70cm。到3亿年前时三叶虫更加退化，数量大减，2.5亿年前时，随着二叠纪末生物大绝灭而全部绝灭。

◆ 4.5亿年前最大的三叶虫化石，有70cm长　　◆ 4亿年前的三叶虫化石　　◆ 3亿年前的三叶虫化石

树状的动物——笔石

笔石动物是一类已灭绝的很小的海生群体动物，生存于寒武纪中期至石炭纪早期。笔石动物个体很小，一般长1～2mm或者更小，但笔石体的长度一般可达几十毫米，最长可达70cm。因它酷似古代西方羽毛笔，故得名笔石。志留纪时期的笔石化石甚多，被称为笔石时代。

◆ 笔石复原图

◆ 笔石化石

像树枝一样的笔石化石，它们是生活在5亿～4亿年前，其形状像树枝，是漂浮在海水中生活的海洋动物，不是植物。贵州遵义—桐梓一带这类化石最多。

◆ 笔石化石

◆ 笔石化石

火箭状化石——角石

　　角石是奥陶纪海洋中分布最广的头足类动物，直至侏罗纪仍广泛分布于海洋中，之后就大量减少，现存的鹦鹉螺即角石动物的后裔之一。它们是管状游泳动物，主要生活在4亿年前的海洋中，贵州铜仁、遵义产出最多。角石的外壳呈圆锥形或圆柱形，有些种类的外壳具有明显的螺旋线，与菊石有亲缘关系。

◆ 角石化石

◆ 火箭状化石——角石

◆ 角石复原图

腕足动物化石

腕足动物在寒武纪生命大爆发时就已经开始出现，一直到现在还生活在海洋中，其中个别属种从出现到现在有5亿多年的生活历史，可以说是地球上"老不死"的动物。

腕足动物是两瓣壳动物，两个瓣壳大小不一样，壳质是钙质或几丁磷灰质。腕足动物在幼虫期要度过几天到两个星期的时间营浮游生活，然后长出肉茎附着于海底营固着生活，不过也有一些种类是以次生胶结物或壳刺固着于海底或自由躺卧着生活。

自寒武纪开始演化，至今不足300种，其化石种类却有2100多属，30 000余种。现存的种类多分布在高纬度的冷水区，全部是海产、底栖、具双壳的触手冠动物。腕足动物化石是贵州最多的一类化石。

◆ 4亿年前的泥盆纪腕足化石

◆ 2.5亿年前的二叠纪腕足化石

◆ 4.5亿年前的志留纪腕足化石

盘状化石——菊石

　　菊石属于软体动物门头足纲。菊石是已灭绝的海生无脊椎动物，生存于中奥陶世至晚白垩世。它最早出现在古生代奥陶纪（距今约4.8亿年前），繁盛于中生代（距今约2.25亿年前），广泛分布于世界各地的三叠纪海洋中，于白垩纪末期（距今约6500万年前）灭绝。菊石与现代的鹦鹉螺是近亲。

◆ 菊石化石

◆ 菊石复原图

世界最古老的高等植物化石——凤冈洞卡拉植物化石

贵州凤冈洞卡拉4.3亿年前的志留纪早期地层中发现了世界上最古老的高等植物化石，它们是植物从海洋登上陆地的有力证据，也为随后动物登上陆地打下了基础，是地球生命演化过程中非常重要的一步！

◆ 凤冈洞卡拉植物化石

蟆动物世界

　　蟆动物生活在3.5亿～2.5亿年前的石炭纪和二叠纪，是已经绝灭了的动物。蟆动物个体小，最大的长达1cm，小的只有0.1cm，样子像小麦粒，也有的像球体、椭圆体。它内部结构很复杂，从中间切开，可以看到类似千年木的年轮图案。

◆ 蟆动物化石

3亿年前的珊瑚

珊瑚——现在还生活在海洋里的动物，它们形状多样，有树丛状、锥状、块状等，它们是固定在海底生活的动物，由于它们长得很快，往往形成丘状的海底隆起——生物礁。石油等矿产就储藏在其中。贵州紫云、望谟等地产出的珊瑚化石最多，有贵州珊瑚、蜂巢珊瑚等化石。

◆ 现代珊瑚

◆ 珊瑚及珊瑚化石

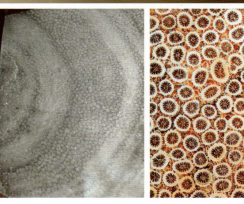

2.5亿年前奇特旋齿鲨鱼

在距今3亿～2亿年前的古海洋里，曾经生活过一类十分奇特的鲨鱼，它们长着排列成弧形或螺旋形的牙齿。这种鲨鱼牙齿的生长一直存在争议，它们的牙齿可能长在背上或尾巴上！科学家研究认为，这种螺旋形牙齿长在鲨鱼的背鳍或尾鳍上，或长在鼻子上。它们的样子一定很奇怪吧！

◆ 旋齿鲨鱼化石

◆ 旋齿鲨鱼复原图

2.5亿年前水城二叠纪植物群

在距今2.5亿年前，贵州东面是一片海洋，而西面的水城、盘县则为陆地。在水城—盘县一线与贵阳之间，到处是沼泽地，在沼泽中生长着高大的乔木，成片的乔木构成原始森林，它们死亡后形成煤炭，这就是贵州储藏着丰富的煤炭资源的原因。

◆ 鳞木化石

我们现在看到的植物化石是那些埋藏在泥和沙中还没有变质成为煤炭的植物。贵州水城保存有10m高的高大鳞木化石，由于树干上叶痕呈鳞片状，因此，化石形态像古代传说中的"龙"。

◆ 植物化石

贵州龙动物群

　　贵州龙动物群主要产在贵州兴义2.2亿年前的三叠纪地层中，化石主要有贵州龙、鱼、虾、菊石、海百合、腕足动物等。贵州龙可不是恐龙，它个体只有10~30cm长，有人说它是最小的恐龙，这是错误的，其实它是一种生活在水中的爬行动物。它在水中以捕食鱼、虾和菊石为生，是当时海中的霸王。

◆ 兴义菊石化石

◆ 鱼化石

◆ 贵州龙生态复原图（杨定华绘）

　◆ 贵州龙化石

古生物王国的明珠——关岭动物群

关岭动物群产于贵州关岭的三叠纪地层，主要化石有鱼龙、楯齿龙、海龙、海百合、菊石、鱼等，其中的楯齿龙、鱼龙和海百合最为珍贵。这些龙也不是恐龙，而是水生爬行动物。海百合化石像花，其实它不是植物，而是动物。大自然真奇妙！

◆ 鱼化石

◆ 楯齿龙化石

◆ 鱼龙化石

◆ 海百合化石

◆ 楯齿龙化石

◆ 菊石化石

◆ 关岭动物群生态复原图（汪啸风 等，2004）

贵州侏罗纪恐龙世界

　　侏罗纪是恐龙统治时代。贵州平坝保存有丰富的恐龙化石，恐龙主要是蜥脚龙类，它们生活在贵州境内小湖泊或河流附近，以食草、树叶为生。它们个体巨大，复原后可达到7m长。在贵州的晴隆、赤水、毕节等地也发现有恐龙化石及其足迹化石，可以想象贵州当时陆地上到处都是恐龙，是恐龙生活的乐园。

◆ 平坝恐龙化石

贵州人的始祖——盘县人、普定穿洞人、桐梓人

目前贵州发现的古人类活动遗址有100多处，发现各类遗物约10万件。贵州发现的人类化石有早期智人和晚期智人，缺少直立人化石。"桐梓人"和"盘县人"属于早期智人，而晚期智人有"兴义人"、"普定穿洞人"等。

贵州古人类化石以普定穿洞人化石保存最完整，出土了两具人类头骨，还有颌骨、肢骨、单个牙齿等。这些古人类是生活在距今1万年前的贵州人的祖先。

◆ 普定穿洞人头骨

与贵州古人类化石一起采出的动物群化石往往是大熊猫—剑齿象动物群，它们是贵州1万年前最繁盛的动物群，也是被贵州人始祖猎杀的动物。

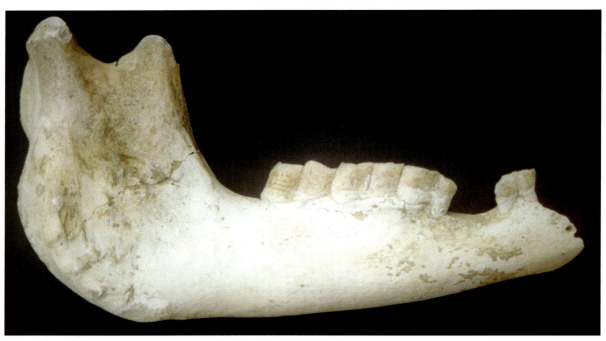

◆ 遵义犀牛化石

参考文献

陈军, 杨瑞东, 郑禄林, 等, 2014. 贵州晴隆中二叠统大厂层砾岩成因研究[J]. 地质论评, 60(6): 1309-1322.

陈均远, 祈智. 1998. 地球生命大爆炸[M]. 南京: 江苏少年儿童出版社, 1-88.

陈均远. 2004. 动物世界的黎明[M]. 南京: 江苏科学技术出版社, 1-366.

贵州省地层古生物工作队, 1978. 西南地区古生物图册(贵州省分册)[M]. 北京: 地质出版社, 1-803.

贵州省地质矿产局, 1987. 贵州省区域地质志[M]. 北京: 地质出版社, 1-700.

何志威, 2014. 贵州松桃道坨锰矿床地质地球化学特征及成因机制研究[J]. 贵阳: 贵州大学, 1-92.

侯先光, 杨·柏格斯琼, 王海峰, 等, 1999. 澄江动物群—5.3亿年前的海洋动物[M]. 昆明: 云南科技出版社, 1-170.

嵇少丞. 2013a. 大瀑布是如何形成的？[DB/OL]. (2013-04-22)[2017-12-2]. http://jishaochengvip.blog.sohu. com/261861157.html.

嵇少丞. 2013b. 构造地质学科普系列之地陷溶洞天坑成因（组图）[DB/OL]. (2013-01-31)[2017-12-2]. http://roll.sohu.com/20130131/n365162976.shtml.

罗惠麟, 胡世学, 陈良忠, 等, 1999. 昆明地区早寒武世澄江动物群[M]. 昆明: 云南科技出版社, 1-129.

陶春晖, 李怀明, 金肖兵, 等, 2014. 西南印度洋脊的海底热液活动和硫化物勘探[J]. 科学通报, 59(19): 1812-1822.

汪啸风, 陈孝红, 2004. 关岭生物群[J]. 北京: 地质出版社, 1-120.

文雪峰, 史振华, 田明中, 等, 2012. 大型帐篷构造对贵州天星桥喀斯特石林形成演化的控制作用[J]. 地质论评, 58(4): 702-708.

严蓉, 2002. 神奇的化石[M]. 乌鲁木齐: 新疆人民出版社, 1-172.

杨瑞东, 朱立军, 高慧, 等, 2005. 贵州遵义松林寒武系底部热液喷口及与喷口相关生物群特征[J]. 地质论评, 51(5): 481-492.

姚乐野, 邓富银, 译, 2001. 史前世界[M]. 成都: 成都地图出版社, 1-96.

袁训来, 肖书海, 尹磊明, 等, 2002. 陡山沱期生物群——早期动物辐射前夕的生命[M]. 合肥: 中国科技大学出版社, 1-171.

张竹如, 唐波, 蒋玺, 等, 2001. 龙里高山草原形成机理与旅游资源初评[J]. 中国岩溶, 20(1): 53-57.

赵元龙, 黄友庄, 毛家仁, 等, 1996. 凯里化石库——一个新的中寒武世布尔吉斯页岩型化石库[J]. 贵州地质, 17(2): 105-114.

赵元龙, 朱茂炎, BABCOCK L E, 等, 2011. 凯里生物群——5.08亿年前的海洋生物[M]. 贵阳: 贵州科技出版社, 1-251.

CHEN L, XIAO S H, PANG K, et al, 2014. Cell differentiation and germ-soma separation in Ediacaran animal embryo-like fossils[J]. Nature, 516: 238-241.

ALBANI A E, BENGTSON S, CANFIELD D E, et al, 2010. Large colonial organisms with coordinated growth in oxygenated environments 2.1 Gyr ago[J]. Nature, 466: 100-104.

LIU Z J, WANG X, 2016. A perfect flower from the Jurassic of China[J]. Historical Biology, 28(5): 707-719.

SELDEN P A, SHIH C K, REN D, 2011. A golden orb-weaver spider (Araneae: Nephilidae: Nephila) from the Middle Jurassic of China[J]. Biology Letters, 7(5): 775-778.

SHU D G, CONWAY MORRIS S, HAN J, et al, 2003. Head and backbone of the Early Cambrian vertebrate Haikouichthys[J]. Nature, 421: 526-529.

SUN G, JI Q, DILCHER D L, et al, 2002. Archaefructaceae, a New Basal Angiosperm Family[J]. Science, 296: 899-904.

TASHIRO T, ISHIDA A, HORI M, et al, 2017. Early trace of life from 3.95 Ga sedimentary rocks in Labrador, Canada[J]. Nature, 549: 516-518.

WANG X, ZHENG X T, 2012. Reconsiderations on two characters of early angiosperm Archaefructus[J]. Palaeoworld, 21(3-4): 193-201.

WANG Y, EDWARDS D, BASSETT M, et al, 2013. Enigmatic occurrence of Permian plant roots in Lower Silurian rocks, Guizhou Province, China[J]. Palaeontology, 56(4): 679-683.

WEI X, XU Y G, FENG Y X, et al, 2014. Plume-lithosphere interaction in the generation of the Tarim large igneous province, NW China: geochronological and geochemical constraints[J]. American Journal of Science, 314(1): 314-356.

XIAO S H, ZHANG Y, KNOLL A H, 1998. Three-dimensional preservation of algae and animal embryos in a Neoproterozoic phosphorite[J]. Nature, 391: 553-558.

YIN Z J, ZHU M Y, DAVIDSON E H, et al, 2015. Sponge grade body fossil with cellular resolution dating 60 Myr before the Cambrian[J]. PNAS, 112(12): 1453-1460.

参

考

文

献

后　记

　　贵州被称为古生物王国，拥有16大门类大约3000多种古生物化石，而且有瓮安生物群、织金小壳动物群、凯里生物群、凤冈植物群、贵州龙动物群、关岭动物群等重要生物群，它们为史前生命演化历史研究提供了重要的基础材料。贵州沉积地层发育，其中保存着10亿年以来贵州环境的变化、生物的演化、海陆的变迁的证据。

　　编写这本《史前贵州》的目的是让人们了解贵州这块土地上10亿年以来所发生的环境变迁，科学地认识我们生长的这块土地经历的沧桑，为广大人民群众，特别是青少年科学地认识史前世界提供直观的、通俗易懂的地质历史画卷，并向世人展示和宣传神奇的贵州。

　　感谢贵州省哲学社会科学规划办公室给予项目资助，感谢贵州省新闻出版广电局及贵州科技出版社给予出版经费资助，使本书得以面世。本书也是国内一流学科"生态学"（GNYL[2017]007）与贵州省沉积矿床科技创新人才团队项目（黔科合平台人才[2018]5613）建设的成果。

　　本书是地质学界前辈数十年研究的积累。在编写过程中得到贵州省博物馆王新金研究馆员、蔡回阳研究馆员，贵州地质矿产局王砚耕研究员、王立亭研究员，贵州大学赵元龙教授、魏怀瑞副教授、文雪峰博士等的大力支持。在本书图片收集过程中，西北大学舒德干院士和程美蓉老师提供海口鱼化石及复原图照片。辽宁古生物博物馆馆长孙革教授提供中华古果化石及复原图照片。中国科学院南京地质古生物研究所王鑫研究员提供潘氏真花化石及复原图照片。贵州省地质调查院张嘉玮提供梵净山枕状玄武岩照片。贵州省地质调查院史振华提供绥阳双河溶洞部分照片。没有他们的支持和帮助，本书是难以圆满完成的，因此作者在此表示衷心的感谢！

　　本书引用了文献、网络中大量的图片，但由于原始来源不清，难以全部标清作者及出处，在此对未标注作者及出处的图片，以及在参考文献中未列出文献的作者表示衷心感谢！